全国大学生新媒体创意大赛
方正飞翔数字版官方指定教材

普通高等学校
应用型教材
· 新闻传播学 ·

U0386095

主 编 / 周德旭

副主编 / 樊 荣 陈富豪 贾 皓

H5交互融媒体作品创作

INTERACTION AND
CONVERGENCE

HOW TO CREATE
MEDIA CONTENTS WITH HTML5

第**2**版

中国人民大学出版社
· 北京 ·

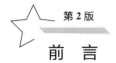

第2版

前 言

随着21世纪信息技术的发展，移动互联网的推广应用、各类移动终端的普及，以及消费者阅读行为的变化极大地促进了传媒出版行业向新媒体化、全面数字化发展。HTML5（以下简称"H5"）作品，就是伴随移动互联网发展应运而生、在传媒出版领域得到广泛应用的一种内容形态。

第二十八届中国新闻奖首次设立媒体融合奖，在近四届中国新闻奖的媒体融合获奖作品中，H5作品成为获奖作品的主要形式之一。人民日报客户端的《快看呐！这是我的军装照》、腾讯新闻极速版的爆款《迎国庆换新颜》等诸多H5作品都揭示着，无论是传统媒体领域的内容生产，还是互联网公司发布的互联网新闻，都将H5作品内容生产作为一项必备工作。对于未来的内容生产者，H5策划、设计、制作已经成为一项必备的基础技能。

在产学研结合的背景下，对于H5作品的理论研究和制作实践促成了本书的写作与出版。本书的作者来自学界与业界，樊荣老师是西安欧亚学院文化传媒学院的教师，在传媒出版、新媒体内容制作、平面与交互设计方面具备丰富的教学和研究经验；周德旭、贾皓、陈富豪，是北京北大方正电子有限公司的产品经理，在新媒体内容产品的功能规划、平面设计、新媒体设计、用户培训方面具有丰富的从业经历。四位作者分工不同，从不同的角度进行教材的案例搜集与内容撰写。本书的概念与理论方面的内容由周德旭和贾皓撰写；策划、设计、制作与实践方面的内容由周德旭、陈富豪撰写；全书由樊荣老师提供框架结构与理论指导。可以说，本书融合了学界、业界两种不同角度，结合了理论与实践，是一本包含了丰富的案例解析、理论指导、实践详解的 H5 策划与制作指南。

哪些读者适合阅读本书？

本书定位于为内容生产者讲解 H5 策划、设计、制作的方法与技巧。虽然本书是方正飞翔数字版的配套教材，但不是一本单纯的产品说明手册或产品使用指南，而是一本结合了新闻出版行业内容生产者的工作流程与内容特点，从专业角度出发，针对行业背景、H5 技术常识、H5 制作流程、H5 制作规范与注意事项，详尽剖析 H5 策划、设计、制作的实用型指南。

本书主要面向新闻传播、网络与新媒体、数字出版、广告类相关专业院校，是一本涉及数字内容、新媒体策划、媒介技术等课程的实训教材，主要面向有志于进入传媒出版行业的学生，以及从事相关专业教学与科研的教师。除此之外，本书也面向传媒出版行业的内容生产者以及新媒体领域的业余爱好者。

本书的主要内容是什么？阅读本书，读者可以获得何种收获？

本书定位于为内容生产者讲解 H5 策划、设计、制作的方法与技巧，分成不同的章节对相关内容进行讲解。各个章节的主要内容如下：

第一章"H5 作品制作准备"作为入门章节，首先介绍了 H5 技术常识，以及在制作 H5 作品之前应该了解的事项与规范，最后介绍了 H5 作品的制作流程，为此后的策划、设计、制作打下知识基础。

第二章"H5 作品的选题与策划"主要回答了三个问题，即"怎样才算是一个好的 H5 选题""如何进行 H5 作品的选题"和"如何从 0 到 1 策划 H5 作品"，结合经典案例和最新案例，介绍了 H5 选题的基本原则、方法与形成完整 H5 策划的方法。

第三章"H5 作品的素材查找与加工"主要介绍了制作 H5 需要用到的图片、音频、字体等素材的查找方式与渠道，以及加工和预处理 H5 素材的工具和方法。

第四章"H5 作品的页面设计"主要介绍了 H5 作品的平面设计技巧，主要包括文字排版的原则、规范和注意事项，图片的使用与规范，版面结构，色彩搭配等方面的内容，结合方正飞翔数字版的操作，描述了如何达到页面设计的相应效果。

第五章"方正飞翔数字版功能快速入门"概述了方正飞翔数字版的基础操作，介绍了文字、图像的编辑处理方法，新建与保存飞翔工作文件的方法，帮助读者了解飞翔数字版，快速上手制作、输出、发布 H5 作品。

第六章"H5 作品的交互设计与互动效果制作"首先介绍了交互设计的整体原则与方法，然后根据互动效果的四大分类，即基于融媒体展示的互动效果、基于触摸屏操作的互动效果、基于传感器的互动效果和基于数据交互的互动效果，结合方正飞翔数字版的操作步骤，讲解了不同互动效果的制作方法，最后额外介绍了页面导航与操作指引的设计原则和设计方法。

第七章"H5 作品的测试、发布与运营"介绍了方正飞翔数字版 H5 作品测试和发布上线的操作方法及其他注意事项，简要地介绍了 H5 作品上线之后的运营技巧。

第八章、第九章属于 H5 制作综合实践部分，选取了传媒领域和出版领域的若干 H5 案例，按照作品的策划背景与案例选题、内容策划、功能设计、作品交互脚本设计、平面与互动设计等模块进行了详细介绍。

通过阅读本书，读者可以了解 H5 作品策划、设计、制作的理论知识，结合案例拓宽视野，提升 H5 策划与制作的实践技能，并可以掌握方正飞翔数字版这一工具的 H5 制作方法。

本书的相关资源有哪些？对学习 H5 制作有何帮助？

本书介绍的是 H5 作品的策划与制作，因此本书配备了相关教学资源，包括但不限于教学视频、H5 案例、H5 制作素材，这些素材是北京北大方正电子有限公司多年来积累的教学资源。在阅读本书时，可以用手机扫码的方式来查看与文字内容配套的行业文章、操作视频和 H5 案例，以便更好地学习相应的知识。

同时，本书提及的 H5 作品制作工具——方正飞翔数字版，是由北京北大方正电子有限公司自主研发，融合了方正几十年传统版面、新媒体版面内容制作技术的一款产品。北京北大方正电子有限公司已经主办了九届大学生新媒体创意大赛，九年之间有数百所院校参赛，其中有数十所院校配有专门的方正飞翔数字内容加工实验室，将方正飞翔数字版的内容制作作为独立课程开课。每届比赛皆有专门人员进行全国巡回比赛宣讲与赛前辅导，学生均使用方正飞翔数字版参赛制作 H5 作品，赛事覆盖数万名师生。

在阅读本书时，建议您在电脑上安装方正飞翔数字版软件，一边阅读书中内容，一边进行软件操作。建议初次接触 H5 制作和方正飞翔数字版的读者首先从第一章开始阅读并进行实操练习，以便能够掌握 H5 相关的基础知识与基本制作技能。在掌握基本技能之后，再进行互动效果制作的学习。

同时，本书每一章后都有配套思考题，有些需要读者根据书中内容思考后进行回答，有些则是给定了练习素材，需要读者使用方正飞翔数字版进行操作。

如何联系我们？

如果有一些问题无法通过本书解决，或者您在阅读本书的过程中希望与我们进一步沟通，那么您可以采用以下方式进行咨询：

登录方正飞翔云服务平台：http：//www.founderfx.cn；

拨打方正飞翔技术服务热线：010-82531688；

加入方正飞翔读者微信群：添加方正飞翔官方微信（founderfx1），备注"图书-姓名-单位"；

针对高校方正飞翔内容加工实验室的教学以及与之配合的专用课程体系相关问题，可发送邮件至方正电子邮箱咨询（ccts@founder.com.cn），也可以联系方正电子产品经理（010-82531449）。

目 录

CONTENTS

第一章

H5 作品制作准备

【学习要点】

1. 辨析 H5 的概念，掌握 H5 这一名词的由来。
2. 掌握 H5 作为一种作品形态在新闻领域的应用。
3. 掌握 H5 作品制作的注意事项，并能够将之应用到 H5 作品中。
4. 掌握 H5 作品的基本制作流程。

第一节 H5 技术常识

在进行 H5 作品的制作之前，我们需要对 H5 这种作品形态和相关技术有一个基本的了解，这样才能更好地根据 H5 的技术特点进行作品的选题策划，根据 H5 可以实现的互动效果进行作品的制作。在本节中，我们对 H5 这一名词和作品形态的来源、H5 的技术特点与优势，以及 H5 的应用领域进行介绍。

一 什么是 H5

目前，H5 这个名词已经渗透进互联网、市场营销、内容生产等多个领域，但对于 H5 的定义，一直是众说纷纭的状态。在进入更深入的学习之前，我们应该对要学习的事物有一个清晰的了解。那么究竟什么是 H5 呢?

如果你在国外与互联网或新媒体行业的工作者谈及 H5，他们甚至会没有听说过这个

什么是 H5

引爆中国移动互联网的名词！实际上，H5 是一个中国人专用的名词，有人说，H5 是 HTML5 的简称，中文意思是第五代超文本标记语言，是一项伴随移动互联网技术的兴起而发展起来的技术标准。

事实上，这个说法在 H5 这个名词刚刚出现时或许是正确的，但2014 年之后，H5 出现在了各个领域，早就超出了"HTML5 缩写"这个说法的范畴，成为一种在中国兴起和流行的特殊作品形态。现在的 H5，又是什么呢？

（一）我们可以认为 H5 是一个多项技术与技术标准的集合

H5 涉及 HTML5 技术标准，也就是说，制作一个 H5，需要应用到 HTML5 技术标准。所以对于 H5 的定义，我们确实可以从 HTML 开始。

HTML，全称为 HyperText Markup Language，中文意思是"超文本标记语言"。HTML 由 W3C 万维网于 1994 年发明，主要作用是标记我们今天看到的大多数网页框架，也可以简单地理解为，HTML 标记了网页元素的一系列位置。随着时间的推移，从 1994 年到 2004 年，HTML 进行了 5 次升级，才有了今天的 HTML5。在升级过程中，HTML5 增加了新的标记，新标记融入了浏览器中，这使得浏览器真正摆脱了Flash 第三方插件的控制，能够独立完成例如视频、声效甚至是画面的操作。鉴于这一点，HTML5 替代 Flash，成为新一代的互联网技术标准。

HTML5 实际上就是构成网页的基础，它是第五代语言，是一个用来规范网页的技术标准。而今天的网页，是由 HTML、CSS、JS（Javascript）（图 1 - 1 - 1）一同编写的。HTML 控制的是网页的框架和元素位置，CSS 控制的是美化效果，而 JS 控制的是网页的互动与动作。如果把网页比喻成一个人，那么 HTML 就是人的骨骼，CSS 是人的器官和血肉，JS 相当于人的动作。因此，网页才可以调用前端和和后端的多种功能，实现多种互动效果，既可以在手机上浏览和传播，也可以在平板和 PC 上观看。

图 1 - 1 - 1　HTML、CSS 和 JS

通过以上对 HTML 和网页的了解，我们可以得知，实际上现在我们所说的 H5，由于通常是在移动终端上观看的互动作品，因此呈现为一个网页的形态，那么 H5 就可以被理解为一个移动网页。它是一个集合，除了 HTML5 技术标准以外，还运用到了CSS、JS，因此可以调用前端与后端功能，实现多种动态效果和视听效果。H5 是一个多项技术与技术标准的集合，对于以上我们谈及的技术与技术标准，H5将每项都纳入了一部分进来。

（二）我们可以认为H5是一种独立的作品形态

既然H5是一个移动网页，如果我们追溯H5兴起的源头，就会发现它起源于中国的互联网营销领域。2014年，微信4.0版本已经开放了第三方接口，外部APP的内容可以接入微信平台，富媒体展示成为一个全新的值得探索的方向。但第三方接入步骤烦琐，而且面临着屏幕适配问题。在解决这些问题的过程中，人们发现了一个完美契合手机端、轻量却能展示丰富效果的形式——H5。第一个H5是特斯拉推出的一则广告，引发了广告营销领域的很大震撼。在尝到

广告传播人眼里的H5，你看懂了吗？

H5的甜头之后，广告行业、传媒行业、互联网行业纷纷试水H5，使得这种移动网页的形态进一步流行与发展。

H5可以呈现网页和微信文章的内容，可以呈现与PPT类似的动效，可以融入视频、音频等融媒体素材，可以像APP一样进行交互、展现内容，甚至还可以像游戏一样利用手机的传感器引发内容情节的变化……但H5又不是上述这些形态中的任何一个，而是一种独立的作品形态，它的出现和发展，具有中国传媒和互联网的特色。从更多玩法的出现过程中我们看到，H5在中国的发展，已经走在了世界的前列。

我们用了很大篇幅来给大家介绍H5是什么，是为了说明和强调，它不是一个神秘的名词，或者高端的技术，所以我们更需要了解它的含义，以及它应用了何种具体的技术与技术标准。具备理论知识，才能更好地理解H5的应用，以便进行更多后续操作。除此之外，具备相应的技术常识和背景知识，避免陷入沟通的误区，也是这个时代对于新媒体人才的要求，以更好地融入行业，为这个领域做出贡献。

三 ∥ H5的技术特点与优势

（一）融媒体

H5具有融媒体的特点，也就是说，H5综合了多种媒体形式，组合了文字、图片、声音、视频、动效等元素。这些元素可以以线性叙事的方式组合，也可以以非线性叙事的方式组合，最终以全新的叙事方式和组合方式呈现在作品中。也可以说，H5融媒体的特点，是将多种媒体资源进行深度整合，从整合中，作品获得了比单纯媒体资源叠加起来更多的内容含义。

（二）强交互

H5具有强交互的特点，用户不再单纯地像看PPT一样浏览简单的动效和翻页，

而是可以通过触摸屏的更多手势操作，移动终端的传感器，如照相、录像、录音、重力感应、GPS 等功能，来使 H5 呈现的内容发生变化。这种人机强交互，是 H5 和其他媒体的最大区别。

（三）跨终端、跨平台

由于 H5 作品是由 HTML、CSS、JS 一同编写的移动网页，因此 H5 作品最终是以一则链接的形式进行传播的。这种传播是跨终端、跨平台的，只要具备这一则链接，H5 页面就可以在不同的终端和平台上呈现，这也是目前 H5 爆款层出不穷、发布之后就可以形成病毒式传播局面的原因。

（四）技术更新快

H5 有技术更新快的特点，目前 H5 的全新玩法和爆款作品不断涌现，以至于我们需要不断地学习新知识，才能使制作出的 H5 具备时代特色。本书内容，也只是帮助大家了解 H5 相关知识，带领大家按照一套正确的方法进行实践，在此基础上，大家还需要不断进行"刻意练习"，在更多的学习和演练中了解更新的知识，不断提升 H5 选题、策划、制作的技巧与技能。

三 ‖ H5 的应用领域

H5 作为一种独立的作品形态，目前已在诸多领域普及开来，我们可以一起来看一下这些领域对 H5 的应用情况。

（一）市场营销领域

H5 作品首先是在市场营销领域兴起和普及的。由于 H5 便于用户进行浏览、互动、分享，娱乐性、交互性、时效性也都较强，因此备受广告营销领域的青睐。每年的天猫双十一营销（图 1-1-2），基本都会使用到 H5，结合微信朋友圈广告进行定点精准营销，成为广告营销领域的成功代表之一。

（二）游戏领域

H5 小游戏是 H5 兴起之后的一种特殊的游戏形式，比如火爆微信朋友圈的《围住神经猫》（图 1-1-3）就是一个很好的例子。之后还出现了很多无须下载，从微信公众号或者朋友圈中点开就可以体验的 H5 小游戏，玩家甚至还可以和好友一起参与或比拼分数。这种轻松、好玩、具有竞技性的 H5 小游戏，实际上在一定程度上也助力了商业品牌在互联网领域的社交传播与朋友圈营销，其潜力和价值巨大。

图 1 - 1 - 2 天猫双十一营销 H5 作品

图 1 - 1 - 3 《围住神经猫》

（三）内容生产领域

由于本书主要面向内容生产领域的相关专业学生与内容生产者，因此在这里，我们重点介绍 H5 在内容生产领域的应用。纵观整个内容生产领域，H5 在新闻传播领域应用最广，在传统出版与数字出版领域也有一定的应用和创新，在这里，我们主要给大家介绍新闻传播和出版两个分支中 H5 的应用情况和典型特点。

1. 新闻传播领域

H5 在新闻传播领域的应用如今已非常广泛，而这种趋势是从 2017 年年初开始的。2017 年的"两会"作为媒体新闻生产水平的"大考"之一，各家媒体使出浑身解数推出很多个性十足的新闻作品。在主流媒体生产的具有代表性的新闻作品中，H5 作品已经占据了半壁江山，如《人民日报》出品的《"两会"入场券》中，包含着移动直播和多元互动，反映了跨媒体元素的整合。又如央广网出品的《王小艺的朋友圈》，以朋友圈场景模拟和短视频的方式，呈现了"两会"期间探讨的民生议题（图 1 - 1 - 4）。

名称	出品媒体	产品形态
全国两会喊你加入群聊	人民日报	H5
"两会"入场券		H5
我的两会秘密花园		H5
当民法总则遇上哪吒		短视频
画说两会	人民网	短视频
"剧透"2017全国两会		短视频
两会进行时		直播
厉害了，word民生红包		H5
动漫MV丨习近平关心的这六件事	新华社	短视频
无人机航拍：换个姿势看报告		短视频
如约而至！习近平来到这些团组	央视网	短视频
小V说两会		短视频
英国小哥侃两会	中国日报	短视频
小明AI两会	光明日报	客户端互动专题
心中有数，2017政府工作报告掌中宝来袭	央广网	H5
王小艺的朋友圈		H5
代表委员你们在哪里呀	腾讯	H5
跟上两会		直播
新浪两会直播	新浪	直播
两会每日鲜果机		H5
屋顶偷听的两会时光		H5
搜狐提案议案排行榜	搜狐	微信互动专题
方寸间的两会简史	网易	H5
两会期间，京城"四大天王"搞了个大新闻	百度	H5

图 1-1-4 2017 年"两会"部分具有代表性的新闻作品

从中国新闻奖获奖作品看 H5 制作趋势与技巧

另外，从 2018 年第二十八届中国新闻奖首次设立融媒互动、融合创新等媒体融合类奖项，到 2021 年第三十一届中国新闻奖，之间的四届获奖作品中，均有十余部 H5 作品。

例如人民日报客户端的《快看呐！这是我的军装照》（以下简称"军装照"）（图1-1-5）、央视财经的《幸福照相馆》（图 1-1-6）分别获得两届新闻奖的一等奖。这种鼓励用户用简单的交互参与 H5 内容创作的方式，会让用户更加有展示和分享的欲望，从而促进传播与爆款的形成。目前，人脸 AI 合成是比较受欢迎的形式，但对接、调试接口投入成本较高，另外还有其他的互动形式，但相对人脸 AI 合成的形式，明显缺乏趣味性。

图 1-1-5 "军装照"

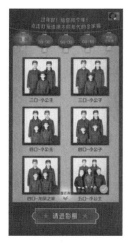

图 1 - 1 - 6 　《幸福照相馆》

　　由于 H5 可以综合文字、图片、声音、视频等诸多内容与交互元素，因此媒体趋向于将短视频加入 H5 作品中，使新闻作品从短视频的单一线性叙事向非线性叙事方式转变，形成更广泛的传播。例如，中国军网的获奖作品《你收到的是 1927 年 8 月 1 日发来的包裹》使用了快闪的短视频风格，而新湖南的《苗寨"十八"变》将一则短视频作为 H5 作品的开篇，引出后续的人物采访短视频。

　　在传媒领域，最为常用的 H5 互动效果是按钮与动画的结合。目前比较流行的按钮与动画结合的互动形式主要有幻灯片、融媒体、测试题和小游戏四种，这些互动形式在新闻奖的获奖作品中也有所体现。例如《听，长江说!》（图 1 - 1 - 7）这样简单的 H5 测试题、H5 小游戏《我为港珠澳大桥完成了"深海穿针"》（图 1 - 1 - 8），都采用了可以促进用户使用和参与的互动形式，但需要注意的是，我们应根据新闻内容选择合适的形式和交互，并给出相关的操作提示。

图 1 - 1 - 7 　《听，长江说!》

原来，新闻可以这样"玩"：浅谈游戏化思维在新闻 H5 作品中的应用

图 1-1-8 《我为港珠澳大桥完成了"深海穿针"》

随着技术的不断成熟，长页面 H5 也成为目前比较受欢迎的形式。长页面可以搭配按钮、动画、音视频等多元互动元素，除了纵向长页面这一常规设计之外，横向长页面的使用率也呈现上升趋势，如获奖作品《快来！搭乘"海南号"时空穿梭机重返1988!》（图 1-1-9）使用的是纵向长页面的形式，而获奖作品《改革开放 40 年｜长沙有多"长"?》（图 1-1-10）采用的是横向长页面的形式。

图 1-1-9 《快来！搭乘"海南号"时空穿梭机重返 1988!》

在未来，随着 5G 时代的到来，网络环境与速度的改善会使虚拟现实（VR）与增强现实（AR）成为 H5 内容生产的新方向。相比其他 H5 中的素材和互动形式，虚拟现实与增强现实制作成本较高，需要使用其他设备采集相关内容，如澎湃新闻的获奖

图 1-1-10　《改革开放 40 年｜长沙有多"长"?》

作品《海拔四千米之上：三江源国家公园》（图 1-1-11），无论在内容采集方面还是 H5 制作方面，都可见其投入的成本与精力。而当前对增强现实的应用主要局限于游戏和电影领域，在新闻行业的应用场景依然需要探索。

图 1-1-11　《海拔四千米之上：三江源国家公园》

2. 出版领域

出版领域对于 H5 的应用依然在探索阶段，目前主要形式有三种。第一种是用于介绍图书内容、宣传营销，在微信公众号上发布营销类或资讯类 H5 作品，如世界知识出版社的《英语沙龙》杂志互动 H5（图 1-1-12）。

图 1-1-12　世界知识出版社：《英语沙龙》杂志互动 H5

在这类新媒体方面，由于出版社依托于体量较大、时效性不太强的图书资源，新媒体部门与编辑部门在社内的分工方面往往有明显的边界，少有交集，外加传统图书编辑在新媒体设计与运营方面技能不足，因此产生了在新媒体领域探索的瓶颈。

第二种是作为图书的配套资源和增值服务，供读者使用。将音频、视频、三维模型、测试题等内容以 H5 形式呈现，并将 H5 的二维码放在图书内容对应的段落旁，可将不便于通过印刷呈现的内容提供给读者。这种形式在教育教材、科普读物、少儿绘本等出版物上较为常见。

第三种是完全数字化的出版物，由于三审三校的图书出版工作流程以及出版社社内资源与新媒体工作模式、资源应用方式的不同，目前出版社的主要工作依旧是纸质图书的出版，虽然对于数字出版有所试水，但多数仍以 ePub、有声读物、独立精品 APP 为主，应用 H5 技术发行的数字出版物目前相对较少。中国海关出版社在 2018 年推出的《通关大神修炼记》（图 1-1-13）是少有的采用 H5 技术推出的数字出版物，这部专为企业进出口通关业务员打造的数字教材，利用 H5 的特点满足了跨平台、多终端、随时随地学习的需求。

图 1-1-13　《通关大神修炼记》

目前的融媒体呈现、虚拟现实、增强现实等技术，对于更好地解读深度内容有很大帮助，我们可以尝试着学习新的 H5 知识并在这个领域中进行尝试，早日实现 H5 在出版领域的新突破。

第二节　**H5 作品制作的注意事项**

在 H5 制作开始之前，我们首先给大家介绍几点 H5 制作过程中的注意事项，以便大家可以绕开弯路。

一　浏览器的选择

对于浏览器的选择，实际上在我们日常上网时，是没有特殊的要求和注意事项的，比如 Windows 用户倾向于使用系统自带的 Edge 浏览器，或者安装 360 浏览器、搜狗浏览器，而 macOS 用户倾向于使用 Safari 浏览器。然而，在制作 H5 的过程中，由于我们可能会预览 H5 的效果，因此建议大家选择一款对 H5 效果兼容较好的浏览器，即谷歌浏览器（Chrome）。谷歌浏览器在互联网领域被称为"最好的浏览器"，除了在性能、用户体验上非常优秀，其对 H5 的兼容也是最好的，因此，如果在制作过程中大家遇到了一些匪夷所思的 H5 显示或互动效果的问题，可以考虑更换现有的浏览器，使用谷歌浏览器预览，很多问题可能就自然而然地解决了。

二 页面尺寸

市面上对于 H5 页面的尺寸有着不同的说法。一般来讲，目前大多数 H5 的页面尺寸，选用的是 640px＊1 260px，是在目前主流的全面屏手机屏幕分辨率等比例缩放后，高度①上减去 128px 后的大小。这 128px，实际上就是手机信号导航栏与微信导航栏相加的高度之和。

方正飞翔数字版的默认尺寸也是 640px＊1 260px，这个尺寸是能够保证页面清晰和较小体积的，大家也可以根据实际需要在新建文件时自定义版面大小，以达到理想的效果。

随着柔性屏幕技术的发展，众多手机厂家推出了形态各异的折叠屏幕手机，除手机自身内外屏尺寸比例本就不同外，不同手机厂商的屏幕尺寸皆不相同，再加上使用不同尺寸的平板电脑和以 iPhoneSE 为代表的传统 16∶9 屏幕比例手机的用户，我们在设计作品尺寸时还需要考虑不同硬件环境中读者的阅读体验。

三 页面安全区

页面安全区是我们在 H5 页面设计中需要意识到的概念，这个概念有两层含义，我们称之为核心内容安全区和阅读体验安全区。

核心内容安全区是指在所有阅读设备上都能够完整显示的区域。我们在设计版面时，需要将核心内容放在这个区域内，以保证读者在使用不同型号的设备阅读作品时，都能够看到作品的核心内容，如图 1-2-1 所示，从左至右依次是版面设计图、在全面屏手机上的显示效果、在传统 16∶9 屏幕比例手机上的显示效果，对比后我们可以看到，只有将核心内容放在虚线内，才能保障不同屏幕尺寸的手机都能够看到核心内容，这就是核心内容安全区。

阅读体验安全区含义类似于图书版面设计中版心的概念。为了整体页面有空间感、不拥挤、阅读舒适，我们需要预留出页面的"天头地脚"。由于 H5 页面的空间非常有限，所以这个安全区的概念比图书的版心更加重要，尤其是当大段文字、按钮、视频、互动出现的时候，一定要确保这些内容在安全区内，一是为了观看的舒适和美观，二

---

① 我们这里将手机屏幕的长边长度默认为高度，实际上当 H5 作品是横版设计时，手机屏幕的长边长度是宽度。

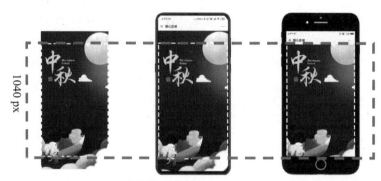

场景设计大小：640px＊1 260px

图 1-2-1 核心内容安全区的位置示意

也是为了交互操作和互动效果不受到影响。

那么核心内容安全区应该设计为多大呢？实际上，对于页面安全区的尺寸，没有一个明确的数值，它是一个灵活的概念，功能是避免元素和内容超出视觉舒适和操作舒适的范围。

我们在设计 H5 时，一定要有页面安全区的概念，并根据具体的 H5 设计制作情况，来进行安全区尺寸的确定与调整，这样才能够将作品完美地呈现给每一位读者。

四 ▌▌ 页面自适应

除了安全区的设计，我们还可以利用 H5 页面可以自适应缩放的特性，来使作品适应不同的屏幕分辨率。页面是如何缩放的呢？主要是依靠作品浏览区域的宽度和高度去计算，进行等比放大、缩小。

第一种是宽度适配，即将 H5 页面的宽度值调整至和浏览区域相同，高度等比缩放。当 H5 页面长于浏览区域时，H5 页面上下两侧将不能完整显示；当 H5 页面短于浏览区域时，浏览区域上下两侧将留白，如图 1-2-2 所示。

图 1-2-2 不同高度 H5 页面的宽度适配效果

第二种是高度适配，与宽度适配相反。高度适配是将H5页面的高度值调整至和浏览区域相同，宽度等比缩放。当H5页面宽于浏览区域时，H5页面左右两侧将不能完整显示；当H5页面窄于浏览区域时，浏览区域左右两侧将留白，如图1-2-3所示。

图1-2-3　不同高度H5页面的高度适配效果

第三种是自动适配，即H5页面将根据自身的宽高比自动判断浏览区域的宽高比，选择宽度或高度适配，以保证H5页面永远可以完整显示，根据实际情况，浏览区域的上下两侧或左右两侧会留白。

当然，H5页面也可以不等比例地撑满整个浏览区域，但这样处理会严重影响阅读效果，一般不会考虑这种做法。

第三节　H5作品的制作流程

H5作品不仅需要制作，在作品制作之前，还需要进行选题与策划，查找和加工相应的素材。在这里，我们对H5作品的制作流程做简要的介绍，以便大家在后续的实践过程中遵循这个步骤从0到1完成一个H5作品。

一　H5作品的选题与策划

一部优秀的数字作品，不仅在技术方面具有优越性，而且在选题和内容上更加需要有吸引用户的特征和亮点。所以在开始准备H5作品时，一定要留出专门的时间进行选题与策划，选题与策划的时间甚至要比H5设计制作的时间还要长。只有花费足够的精力进行思考、选题与策划，形成完整的策划方案，才不会在之后的H5设计制作过程中迷失方向。H5作品的选题与策划是发布一个H5作品最为重要的一步，也是整个作品的灵魂。

H5 作品的素材查找与加工

在进行选题与策划后，我们可能会形成一个团队共同认可的策划方案，这个方案可以指导我们的 H5 制作。在制作之前还有一个步骤，就是查找和加工 H5 作品需要用到的素材。这些素材有可能是我们自己采集的图片、音频、视频，也可能是我们在各个渠道查找的设计素材、图标和音效，但都需要将它们处理成我们需要的样式，以及适合 H5 作品的格式。

H5 作品的页面设计

在完成素材收集和处理之后，我们就可以开始进行 H5 作品的页面设计，即 H5 作品平面元素设计。虽然 H5 更重交互，但页面设计是为互动效果和体验做铺垫，也有很大的学问。对于一个竖屏的新媒体 H5 作品来说，它既有与传统版面相似的排版规范和版式结构，同时也有很多不同的地方，比如字体的应用。

H5 作品的交互设计与互动效果制作

数字内容的制作主要有两种方案：开发类解决方案和非开发类解决方案。开发类解决方案是指技术人员根据设计人员的要求，通过程序实现各种效果。这种方式能够最大限度地实现设计人员的意图和要求，甚至可以达到完美，但是周期长、成本高，最重要的是技术人员和设计人员之间的沟通需要花费较长时间，沟通的效果不一定尽如人意。非开发类解决方案是指用现有的软件工具设计制作数字出版物，需要根据软件工具本身提供的功能和效果进行策划、设计、制作。这样做的好处是作品的整体风格可以由设计人员把握，制作周期可控、成本可控，不存在沟通的壁垒。方正飞翔数字版提供的数字内容设计制作方案就属于非开发类解决方案。

H5 作品的测试、 发布上线与运营

在完成 H5 作品之后，我们要对 H5 作品进行预览以及效果的测试，除了内部测试，也可以邀请用户进行测试，如果效果与设想不一致，或用户指出了一些体验、功能方面的严重问题，就可以在发布前进行调整。所有的制作工作完成之后，即可进行 H5 作品的发布上线，并按照既定的运营方案，运用相关资源进行 H5 作品的传播与运营。

六 H5 作品策划、 设计、 制作的工作模式

(一) 团体作战型

正所谓"术业有专攻",从以上对 H5 作品制作流程的介绍中,我们会发现 H5 作品的策划和制作需要写作技能、素材采集技能、素材加工与设计技能、交互设计技能等多种技能,这些工作如果由不同职能的团队成员分工合作完成,大家就能各自发挥自己的特长,在专业领域内进行 H5 不同方面的策划、设计、制作。这是一个理想的工作模式。

(二) 单打独斗型

虽然说 H5 适合"团队作战",但有时局限于时间和人力资源,只能由一两位制作者完成所有的 H5 作品相关的制作工作,这也是我们学习这本书中所介绍的知识与技能的原因。未来的内容制作产业需要的是可以独立策划、采集素材、进行设计和制作的全能型人才,希望大家可以修炼内功,成为可以单打独斗的一个人的团队。

 【思考题】

1. 什么是 H5? 你如何向不熟悉技术、不了解新媒体的人介绍 H5?

2. 你是否可以举一些例子,说明 H5 的技术特点和优势?

3. 如果你和同学组成 3 人团队进行 H5 的策划、设计、制作,应如何分工?

第二章

H5 作品的选题与策划

【学习要点】

1. 掌握评价 H5 作品选题的不同角度与标准。
2. 掌握 H5 这一作品形态适用的情况。
3. 掌握结构化的 H5 策划思路与方法。

一部优秀的 H5 作品，或许是一时间刷屏的爆款作品，抑或是令人印象深刻、具有深远意义的作品，不管是哪一种，这些作品形成的影响力，都不单纯能从制作和技术方面进行评估。

在 H5 的整个制作过程中，我们更需要尊重的一个事实是，有了一个好的创意和选题后，在技术方面呈现作品内容其实会相对简单。在新媒体时代，选题和内容策划依然是内容作品的灵魂，H5 作品也不例外。

作品选题是一个 H5 作品诞生的起点，那么怎样才算是一个好的 H5 选题？如何进行 H5 选题？在有了恰当的选题之后，如何使创意生根发芽，成为完整的 H5 内容？H5 作品的选题与策划，是我们这一章要重点探讨的内容。

第一节 ‖ 怎样才算是一个好的 H5 选题

如今，我们可以通过多种渠道看到无数 H5 作品，也可以时常在朋友圈看到刷屏的爆款 H5 作品，这些作品通常被用户们给予了很高评价，那么，到底怎样才算是一个好的 H5 选题呢？我们可以从以下几个角度来判断。

一部好的作品， 首要的是具有正面的价值取向

无论是内容为主的 H5 作品，还是以营销宣传为目的的 H5 作品，评判的首要标准，都是这部作品是否有一个正面的价值取向。在进行 H5 作品的选题与策划时，有很多制作者将重点落在了创新性和实用性方面，但一个明确、正面的价值取向，才是制作作品时首先要考虑的内容。

一个正面的价值取向，意味着要从作品中突出对正面内容的引导或负面内容所具有的启迪意义。比如在新闻报道、图书解读营销类 H5 作品中，不可避免地会出现负面新闻，或者文字作品中的负面情节，这时，我们要注意内容的呈现方式，并且在作品情节的选取上做一些取舍，引导用户进行正面的解读。

好的作品， 可以用思想和观点打动用户

除了正面的价值取向以外，好的作品能够"自己讲故事"，通过内容来表现和传达深刻观点和思想。

不同类型的作品，传达的观点与思想也不尽相同。比如一个以营销宣传为目的、力图打造爆款、创造商业价值的 H5 作品，主要传达的思想更多的是亮眼的创意和所营销产品的独特之处。在作品策划方面，这类作品力求可以在浏览和阅读的短时间内满足用户的好奇心，贴合主题或品牌的调性，或者具有一些传播度高的特性，比如轻松好玩、有趣味性、吸引用户参与、能够为用户提供某些价值等。

再如一个对时政话题进行解读的 H5 作品，它传达的思想肯定与营销宣传类 H5 作品不同，而是更加注重引起用户的思考与共鸣。对于这种类型的 H5 作品，文案故事应基于客观事实，能够通过叙述方式、文案和融媒体元素赢得用户的信任，故事情节和各种信息环环相扣，以传达某种思想或情绪为主线，让用户感到有共鸣、有看点，打动用户的心。

好的作品， 应该兼顾内容的高度概括性与细节的完整性

H5 作品不同于传统媒体，它需要在很小的移动终端的屏幕上，用融媒体元素和交互内容呈现某一主题，因此选取各种融媒体信息，并巧妙地进行融合与浓缩，就显得尤为重要。一个好的 H5 作品，应该兼顾内容的高度概括性与细节的完整性，基于这一原则，在内容方面应该做出适当的取舍。

除此之外，形式跟内容能否结合得好也是重点之一。形式最终是为传播目的服务的，有些作品如果不能将形式和内容结合起来，交互便会显得不太切题、画蛇添足，因此好的作品，本质上还是要能够有效告知用户作品的主题与相关信息，表现形式如

果与作品的选题和内容关系不大的话，反而会混淆视听、分散主题。

作品如果可以兼顾内容的高度概括性与细节的完整性，就一定要在内容方面有一个整体框架与严谨的逻辑，这一点渗透于作品的内容和形式中，也是好作品的必备要素。

四 作品的交互设计、操作指引须合理

H5 作品使用了丰富的互动效果，但如果忽略了作品的操作指引，则会让用户的体验过程变得非常坎坷，如果用户因对某一操作产生困惑而无法继续浏览，心情跌落谷底，就会认定 H5 作品不是个好作品了。

H5 作品的操作指引是至关重要的，决定了作品的用户体验是否良好。因为 H5 是占据用户很大注意力资源的一种作品类型，制作者必须让用户打开作品，并且一直跟着制作者的思路看下去，因此一个清晰的交互设计和操作指引是用户的引路标，可以帮助用户聚焦于作品的主要内容和体验路径。

五 作品的平面和版式设计依然重要

虽然 H5 属于新媒体作品的范畴，但平面和版式设计，尤其是印刷出版物需要遵循的版式规律与规范对其而言依然重要。

比如，如果 H5 作品中使用了传统的工笔画和写意画作为平面元素，那么版面上的其他元素也应该符合这种中国传统书写规范，如果左右排列不一致，则会造成用户阅读的混乱。

除了版式设计上的问题，H5 作品在选择字体时，也应选择易读性较强的字体作为正文字体，以提升作品的易读性，让用户有良好的阅读体验。

在第四章中，我们会着重讲解 H5 作品的页面设计。

第二节 如何进行 H5 作品的选题

当我们了解了 H5 这种作品的形态和它的技术特点，对优秀 H5 作品的特点形成基本的共识之后，我们就要着手进行属于自己的 H5 作品的选题与策划了。那么如何进行 H5 作品的选题与策划？这个选题为何要选择 H5 这种作品形态？在本节中，我们将通过案例对比 H5 作品和其他作品形态，给大家做一个详细的介绍。

一 明确作品形态——为什么要做 H5 作品

在融合媒体蓬勃发展的今天，我们看到的媒介形式多种多样，除传统的图书、报

刊、音视频以外，现如今 H5、APP、小程序也成了呈现内容和分享内容的载体，更有虚拟现实、增强现实、可穿戴式设备正在逐渐普及……面对如此多元的内容载体，在进行 H5 作品的选题与策划时，我们需要首先问自己两个问题：这个选题承载的内容，是否适合用 H5 的形态进行呈现？相比于其他形式，用 H5 的形式呈现这一内容有什么优势？

不同的内容有不同的特点，而这些内容用不同的方式呈现时，会有不同的偏重点和不同的效果。下面，我们会通过几个案例，为大家介绍 H5 这种作品形态与其他融媒体形态在呈现内容方面的区别。从对比中，我们可以思考何种内容适合用 H5 这种形式呈现。

三 ‖ H5 与图书

我们可以看一下《黑洞简史》这部图书的导读 H5 与我们看到的纸质图书或电子图书有何不同（图 2 - 2 - 1）。

图 2 - 2 - 1 《黑洞简史》导读 H5

这部导读 H5 用手绘漫画的形式简要地介绍了黑洞的形成。黑洞这个概念如此诱人，它将探索未知的兴奋感与对潜在危险的恐惧感巧妙结合，这部作品使用了多种交互与动画效果，揭开了黑洞神秘而奇妙的面纱。从选题角度出发，这部作品选取的是一个自然科学话题，这个选题属于科技传播，也就是为科学知识做科普。这个选题本身就是一个实用性选题，解疑释惑的效果很好。作为科普类图书，《黑洞简史》以趣味性和实用性受到了读者的喜爱。

作为图书导读的 H5，这部作品实际上是把图书的内容进一步浓缩，用非常简洁的语言和融媒体交互的呈现方式，介绍图书的主线与主要内容。H5 作品使用了图文、动画、按钮等形式，一方面这些新颖的技术能够抓住用户的眼球和兴趣点，另一方面它对"硬"知识做了比较趣味化的呈现。

从这个作品中我们可以发现，H5 并不像图书一样，可以呈现大篇幅的文字内容，但可以通过制作者对内容的把握，用更加丰富的形式、更加简洁的语言对书中的内容进行介绍。

如果我们想完全将适合用图书呈现的内容一股脑地在 H5 上呈现，那么将会给 H5 作品的内容造成巨大的负担，用户体验也没有好多少。这是因为，H5 和图书对于内容呈现有不同的偏重点：首先在叙事方式方面，市面上的图书，大多倾向于线性叙事，即采用正叙或倒叙的方式，使读者更能够理解图书中的情节与内容；而 H5 的叙事方式更加灵活，可以是线性叙事，也可以是非线性叙事，可以以时间为逻辑线索，也可以以空间、人物等为逻辑线索组织内容。其次在内容呈现方面，文字内容可以引发读者的遐想，但这些文字如果变成融媒体图片或内容，一些会得到更加清晰的解释与陈述，而另一些则不适合呈现为画面或其他融媒体素材，H5 中的交互形式是为内容服务的，如果不能紧扣主题的话，则会分散内容，阻碍用户对内容的理解。

三 || H5 与视频

（一）H5 与长视频

长视频是在移动媒体短视频尚未兴起时就已有的一种媒介形式，比如电视节目、纪录片、电影都属于长视频的范畴。我们来看看同一个选题，用长视频呈现和用 H5 呈现的异同。

纪录片《守塔世家》片段

《守塔世家》（图 2-2-2）是一个发生在宁波港的真实故事。自 1883 年白节山灯塔建成，叶中央的爷爷叶来荣就带着一家老小上岛，成为中国第一代灯塔工。在随后 100 多年的岁月里，叶中央的父亲叶阿岳、儿子叶静虎和孙子叶超群都走上了守塔之路。叶家五代人默默坚守，在浙东海域 12 座灯塔上留下了奋斗的足迹，为 2 000 多平方公里的海域送上了平安。这个选题被很多新闻媒体以文字和视频的形式报道过，2016 年，"宁波守塔人"也成为 2016 年感动中国的候选人。视频新闻报道中使用了多个人物的采访，从不同的角度讲述了守塔世家的事迹，而多个景别、大量写实的画面与画外音配合作为过渡，介绍了守塔的重大意义和一家人为此做出的牺牲与坚守。

H5 作品则与视频选用的素材不尽相同。它主要使用了比较流行的长页面的表现形式，而画面的主要场景以手绘为风格，从沙滩、海面、灯塔等事物过渡到海底，使用了线性的叙事方式，以情节和场景驱动故事发展，从旁观者的角度讲述了"守塔世家"

图 2-2-2 纪录片《记住乡愁》与 H5 作品《守塔世家》

的事迹。用户会从视觉、文字和互动中感受到 H5 作品将这个感人的故事婉转道来。

从这个作品中，我们可以看出长视频和 H5 呈现方式的不同。从画面的呈现方面来看，长视频采用的是传统的横向构图方式，善于呈现大篇幅的远景与各个不同的画面景别，这种构图方式在 H5 作品中明显受到了纵向屏幕的制约，因此 H5 采用的是具有画面延伸感、可以触发用户纵向滑动操作的短视频。从内容素材的选取方面来看，由于长视频播放时间长，因此可以对涉及事件的不同人物进行采访，讲述故事的画外音全方位解读了守塔世家的事迹与奉献精神，而 H5 作为体验时长较短的移动端作品形式，制作者根据特点选取了比较直接的叙述方式，力求用较少的文字，结合场景细节的刻画，将整个事件描述了出来。

（二）H5 与短视频

随着移动互联网的兴起与 4G 网络的普及，短视频已成为近年来移动互联网最大的风口，阿里、腾讯、百度、头条等互联网巨头公司纷纷入局短视频，传媒机构也争相生产短视频新闻作品，短视频历经多年积累，一朝爆发，成了内容产业的宠儿，甚至一时间超过 H5。

短视频与 H5 作为两种不同的作品形态，在呈现内容方面也有一定差别，各有千秋。短视频具有节奏感和冲击力，短时间内可以汲取用户的注意力资源，但对于信息的展现和解读不充分，因此比较适用于传达某种观点与立场；而 H5 具备使用交互和融媒体元素的能力，能帮助用户更深刻地理解作品内容的特点，但在操作过程中，有可能会使用户产生疲惫感，以致跳出页面。所以说，两种方式是各有优势与劣势的。

基于两种形式的不同特点，现在有很多内容生产机构，开始逐渐倾向于把 H5 和短视频的优势结合起来，制作短视频内容，并添加交互形式，最终用 H5 的方式发布。由于 H5 可以包含除短视频以外更多的内容与交互元素，因此媒体趋向于将短视频加入 H5 作品中，使新闻作品从短视频的单一线性叙事向非线性叙事方式转变，同时形成更广泛的传播。例如，在中国新闻奖的获奖作品中，中国军网的获奖作品《你收到的是 1927 年 8 月 1 号发来的包裹》使用了快闪的短视频风格，而新湖南的《苗寨"十八"变》将一则短视频作为 H5 作品的开篇，引出后续的人物采访短视频（图 2 - 2 - 3）。

图 2 - 2 - 3　短视频与 H5 结合的作品

在将短视频融入 H5 作品的过程中，需要注意的是，H5 中的短视频内容需要尽量保持短小精悍，过长的内容会导致 H5 作品加载时间太长，或使用户因在观看过程中感到枯燥而跳出页面。

四 ‖ H5 与微信公众号文章

微信公众号发布的文章，是现在主要的新媒体内容形态之一。从传播的直接性来讲，公众号文章确实占有优势，微信会将文章直接推送给用户，打开即可阅读，而 H5 的链接或二维码只能被放在微信文章中或"阅读原文"的链接中，因此不能像文章一样进行直接推送。但 H5 也有着独特的优势，即有引导用户从微信平台向其他平台转移、跨平台引流的作用。现在有很多品牌与电商网站就在利用公众号推送文章、传播 H5 或发布朋友圈广告的形式，引导用户在其微信公众号或另一个平台体验和消费。

从制作角度来讲，公众号文章的内容撰写和排版都相对简单，制作成本较低，因此比较适合时效性强的快讯新闻，以及非常直接的产品资讯、活动营销；H5 需要用一定时间来进行策划和制作，并且无论是使用工具还是开发代码，都会产生更多成本，因此比较适合拉新、促活。

五 总结

通过与其他媒介的对比和分析，我们可以总结出 H5 作品形态的一些特点，以及适用于制作 H5 作品的选题情况。

从素材方面看，适合制作 H5 的选题，应该具备充足、种类丰富的素材内容，以便于互动配合，保证一个比较好的呈现效果，如果内容比较简单，只有文字素材，则使用微信公众号文章更为合适。

从内容方面看，H5 的选题是需要解读和剖析的选题，并且大多数用户愿意化繁为简，用少量的时间快速了解这个选题，如果需要更深入地了解选题中的相关内容，可以用图书或者长视频的方式。另外，H5 中的操作和交互，应该是可以帮助用户理解内容的，而非言之无物、画蛇添足。

从制作方面看，由于 H5 的策划、设计、制作需要花费一定时间，但需要解释的内容并不一目了然，而是需要组织，用特殊的方式进行策划、采集、查找相应的素材，用工具或代码进行制作，因此，H5 作品从开始准备到最终发布，需要花费一定时间和资源，在时间不充足的情况下，不建议制作 H5 作品，建议选取微信公众号文章或文字类消息等更加简单的方式完成内容呈现。

第三节 如何从 0 到 1 策划 H5 作品

一个优质的 H5 作品，究其本质，还是要对内容解读和呈现得生动恰当。那么，有了一个选题之后，我们如何从这个选题进行延伸，组织 H5 作品的内容，形成完整的内容策划方案呢？在策划和制作 H5 作品时，多数制作者会采用头脑风暴或模仿的方式，边制作边构思，这样可能会导致 H5 作品发布后达不到预期的效果或传播目的。因此在这一节中，我们将介绍一种从 0 到 1 打造 H5 作品的思路，帮助你形成一个从 H5 作品的定位，到最终的发布和制定运营策略的闭环式的 H5 作品策划方案，如图 2 - 3 - 1 所示。

这种策划方法一共分为五步，即定位、需求分析、功能确认、界面和交互以及运营策略的制定。首先是定位，定位过程中需要确定 H5 作品的定位、调性的定位，以及用户是哪些群体。其次是需求分析，分析目标用户群体有什么样的诉求，需要什么样的信息，如何展现这些信息。之后的功能确认环节，根据用户的需求，确定 H5 作品的功能清单，以及用户的体验流程和用户在浏览 H5 作品过程中的体验与心态，以便优化流程。接下来是界面和交互，通过 H5 作品的定位、需求分析、功能确认，明确界面与交互的需求，以便在 H5 作品制作过程中进行界面和交互的设计。最后是确定运营方面

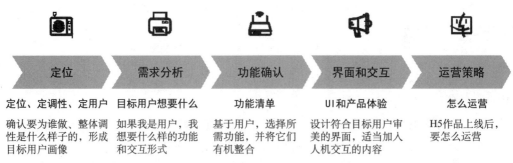

图 2-3-1 从 0 到 1 策划 H5 作品的方法

的策略，这也是 H5 作品策划之初必不可少的一点，在 H5 作品上线之后，如何进行运营和传播，以达到制作这个 H5 作品的目的，是在 H5 作品选题与策划之初就需要考虑到的，否则所有的前期策划和制作工作的成果，都可能会随着失败的运营和传播付诸东流。

为了更好地理解这个形成策划思路和方案的方法，在这里，我们举一个简单的例子，按照这种思路分析一下 H5 作品的策划。这个 H5 作品大家也非常熟悉，就是在 2019 年国庆节前夕，由腾讯新闻极速版出品的换带国旗头像 H5 作品（图 2-3-2）。

图 2-3-2 腾讯新闻极速版换带国旗头像 H5 作品

这个 H5 作品相信大家都非常熟悉，结合国庆节热点，这个作品达到了预期的传播效果，成为国庆节期间的"爆款"H5。目前该作品已正式下线。

从这个作品中，我们可以看到一个完整的策划与运营过程，下面让我们一步一步来分析一下（图 2-3-3）。

这个作品选择了国庆节这一国民有共鸣、参与感强的选题，并将作品定位为一款可以生成微信头像的 H5 作品。在调性的定位上，则结合国庆题材与爱国热情，将调性定位为喜迎国庆的节日氛围，以及能够体现爱国、正能量的关键词和风格。由于这个作品是腾讯新闻极速版出品的，因此它对用户的定位就是微信的所有用户，在流量方面具备一定的保障与优势。

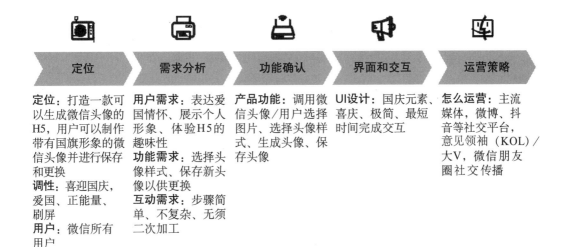

图 2 - 3 - 3　换带国旗头像 H5 作品的策划过程

在需求方面，用户结合微信平台调用图像的功能，结合这个 H5，能够实现换带有国旗的头像，满足在国庆前夕表达爱国情怀、展示个人形象的诉求。对用户体验过程，作品的互动需求是"多快好省"，即能够提供多种不同类型的头像以满足用户的个性化需求，用户能够快速地通过几步操作，换上满意的头像，无须浪费太多思考的时间。

功能上的确认，是从用户需求、功能需求与互动需求中衍生出来的，在这一步，我们会生成一个 H5 作品的流程图，记录用户在这个 H5 作品上经历的全部过程与做出的选择。我们可以将每一步，以及对用户在体验过程中心态的推测记录下来，形成一个用户心态变化的图示（图 2 - 3 - 4、图 2 - 3 - 5）。

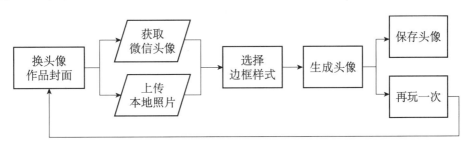

图 2 - 3 - 4　作品的流程图

在这一步，我们可以将用户的体验心态与功能流程反复进行推敲，去掉用户可能会产生负面体验的过程，或者增加一些引导元素来减少用户在使用过程中的焦虑，以便优化用户浏览作品的体验。

在界面和交互设计部分，策划人员需要与设计人员进行沟通，结合上述策划确定的内容，进行设计风格与必要设计元素的确定，形成交互路径、效果的设计方案。这个作品能提供给用户四种头像样式（图 2 - 3 - 6），每一种都带有红色这一喜庆的颜色和国庆的元素，以突出这个作品的主题，并满足用户的个性化需求。

026 • H5 交互融媒体作品创作（第 2 版）

| 国庆到了，我换了个头像，为祖国庆生！ | 我想使用微信头像，这样非常快捷，而且好像真的是微信官方直接给我的，哈哈！ | 我想突出我的头像和别人的不完全一样…… | 好的，我可以把图片保存下来换微信头像了！ |
| | 我想上传自己的照片or给别人做一个，这样更有意思~ | | 头像不满意or我还想换别的头像，再玩一次吧~ |

图 2-3-5　用户的体验心态

图 2-3-6　H5 作品中四种不同的头像样式

最后一步是运营的策略，这一步经常被我们忽略，但是它对于 H5 作品是否可以达到传播效果和目的，以及能否取得成功至关重要。运营策略的制定涉及对已有运营资源的梳理和渠道的确定，可以结合主流媒体、微信朋友圈、微博、短视频平台进行发布和传播，也可以利用意见领袖进行人际社交传播。

对于这个作品而言，作品的传播和运营是非常成功的，一时间形成了在微信朋友圈的病毒式传播，服务器一度因超过负载而崩溃，而这个作品同样登上了微博的热搜（图 2-3-7），引发了跨平台传播效应。还有更多的新玩法，比如在朋友圈中有很多用户发布了"给我一面国旗@微信官方"的文字朋友圈（图 2-3-8），然后通过这个 H5作品将自己的头像换成了带有国旗的头像，这种"小把戏"也成就了一次围绕这个 H5作品的集体狂欢。

在这个作品的传播过程中，还出现了一个有趣的小插曲。在作品传播非常广泛时，有用户自发提出：使用带有国旗的头像作为自己的微信头像，是否违法？很快，就有意见领袖与机构认证的微博账号出面解释：这种换头像的方式，是为了表达爱国热情，属于尊重和爱国的范围，因此不违法。这恰恰又成了一个再次普及《中华人民共和国国旗法》的机会（图 2-3-9）。这个 H5 作品中融入了新的含义和社会议题。从这里我们也可以获得很好的启示，那就是 H5 作品发布之后的传播和运营情况是瞬息万变的，需要我们具备足够的敏感度，以便减小风险，把握机会，甚至把风险转变为机会，用积极的方式形成 H5 作品二次引爆的节点。

图 2-3-7　微博平台的传播

图 2-3-8　微信朋友圈、微信公众号中的传播

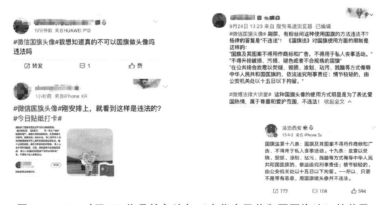

图 2-3-9　对于 H5 作品的争论与《中华人民共和国国旗法》的普及

　　除了传播和运营过程的成功，这个 H5 作品也有一个圆满的结束。我们过去看到的很多 H5 作品，在我们再次扫描二维码时，页面已经无法显示了，这会使用户产生"有

头无尾"的感受。由于 H5 需要搭载服务器进行线上发布和传播，因此如果 H5 页面，尤其是类似于这种带有用户上传信息、下载信息操作的活动页面没有结束的节点，往往对服务器的压力是非常大的，也会制造额外的成本。因此，选择一个好的方式来结束这个 H5 活动，既可以让这个 H5 作品的制作、发布和传播形成闭环，又可以让用户有良好的体验。

比如这个 H5 作品是以一幅活动结束的提示图片来作为尾声的（图 2 - 3 - 10），这也是笔者认为的目前比较良好的实践方式。或许未来，H5 作品的结束会有更好的方式。在意识到这个话题之后，我们应当不断进行实践与探索。

图 2 - 3 - 10　H5 的活动结束提示

总体来看，换带国旗微信头像的 H5 作品之所以会取得成功，是因为：第一，用户来自微信平台，有天然的流量优势；第二，换微信头像这一功能与 H5 的需求设计结合，实际上满足了微信用户大众的、高频的刚需，有利于吸引用户体验 H5 作品；第三，在功能的规划设计方面，它符合用户的思维与心理，使用户得到了简单投入即可获得丰富产出的心理满足；最后，H5 作品的运营形成了闭环，充分利用了传播平台与传播资源，最终有圆满的结尾，是一个完整的作品与运营方案。

【思考题】

1. H5 和 PPT、图书、视频、微信公众号文章等作品形态有何异同？
2. 尝试寻找一些你认为成功的 H5 案例，分析它们的策划方案与成功之处。

第三章

H5 作品的素材查找与加工

【学习要点】

1. 了解查找 H5 作品多媒体素材的渠道。
2. 掌握 H5 作品中对于多媒体素材的文件大小与格式的要求。
3. 掌握多媒体素材的处理和压缩方法。

第一节 ‖ H5 作品素材的查找

在 H5 作品的素材查找这一步，我们可能会感到无所适从：什么样的素材才可以在 H5 作品中使用？这些素材从哪里找？如何避免侵权风险？在本节中，我们详细地为大家介绍了一些素材查找的技巧，并且提醒大家，在 H5 作品素材查找过程中，哪些情形具有侵权的风险，我们又应该如何避免。

素材查找与加工

一 ‖ H5 作品的灵感来源

在制作 H5 时，我们通常会参考和借鉴一些其他类似作品的创意，这样有助于我们了解市场上同类选题的 H5 的创意和特色，从而更好地策划自己的 H5 作品。想要完成这项任务，就需要有一些 H5 案例和创意的获取渠道。如今，很多微信公众平台和网站会提供关于内容生产领域成果的分析和观察文章，其中也涵盖了不少优质的 H5 案例，我们可以浏览这些微信公众平台和网站，查找自己需要的内容。

二 图片素材与设计元素的查找

图片与设计元素是制作 H5 作品时最常用的素材，很多制作者会直接通过在搜索引擎搜索关键词的方式寻找素材，但是这样做的问题是可能会导致找到的素材风格不统一、质量良莠不齐或存在版权纠纷，如果把这些素材使用到 H5 作品中，不仅不利于最终效果的呈现，还有可能造成侵权。为了能够更顺利地进行 H5 作品的素材加工与后续制作，我们在这里为大家推荐一些行业内设计师常用的专业网站，这会对大家查找素材、找到素材有一定帮助。

CC 零图片网（www.cc0.cn）是一个免费可商用的图片素材网站，网站中的图片均有"CC0"许可协议。这些作品的著作权人在签署"CC0"许可协议后，就代表他们已经将作品贡献至公共领域，在法律允许的范围内，放弃他们所有协议作品在全世界范围内基于各地著作权法所享有的权利，包括所有相关权利和邻接权利。我们可以放心使用从这个网站中搜索出来的图片素材。

昵图网（www.nipic.com）和千图网（www.58pic.com）（图 3-1-1）属于综合类素材网站，网站中有可供设计使用的免费和收费素材，素材的类型丰富、格式多元、质量较高，可以使我们快速找到用于设计的图片和源文件，比较有利于制作 H5 作品。免费素材在注册之后即可下载，付费素材则需要按月或按年支付一定的会员费用方可下载。在使用这些网站的素材时，大家需要注意的是，有一些素材虽然可以进行付费下载，但不代表其用于商业目的时无须单独授权，因此还需要大家详细参考素材的说明，鉴别是否需要进行其他使用沟通。

图 3-1-1 昵图网和千图网

如果对素材有更加专业、更高质量的要求，可以选择专业度更高的素材获取网站。

这些网站都是有付费门槛的，一般用于广告行业与大型商业项目。按正常付费流程下载后，可以保证素材的质量和无版权纠纷。

在进行 H5 作品的导航设计和交互设计时，我们可能会运用到一些图标和装饰元素。给大家额外推荐一个图标素材的网站——Iconfront（www. iconfont. cn）（图 3 - 1 - 2）。Iconfront 是阿里巴巴旗下的素材网站，在这个网站中我们可以下载质量较高的矢量图标素材。

图 3 - 1 - 2　Iconfront

对于一些网上搜索到的素材，我们如果将其用于商业目的，但又不知道图片的来源，就会存在一定的侵权风险，因此找到这些图片的来源也非常重要。我们可以使用搜索引擎中的相似图片查找功能来找出图片的来源，了解图片的版权信息。比如百度识图（stu. baidu. com）（图 3 - 1 - 3）就是这样的搜索引擎，可以上传需要搜索的图片，搜到图片的其他来源和信息。

图 3 - 1 - 3　百度识图

字体资源的查找与应用

H5 的字体应用与 H5 作品的美观度和易读性紧密相关，在字体应用方面，有很多制作者也是通过搜索引擎直接查找字体的，但字体的应用同样需要尊重字体设计者的知识产权，如果用于商业传播等目的，需要根据不同的情况获得授权。方正字库是传媒出版机构使用最多的字库，因此我们可以到方正字库（www.foundertype.com）（图3-1-4）的官方网站，下载官方的正规字体。

图3-1-4　方正字库

四 ‖ 音乐与音效的查找

音乐素材的获取不如图片和字体简单，目前国内的音乐平台主要是网易云音乐和QQ音乐（图3-1-5），在这两个平台中可以很容易找到相应主题的音效，品类全、内容丰富、质量较高，搜索使用体验也非常好。只要输入查找音乐的关键词或风格描述，就可以进行试听和下载，但需要注意的是，即使是付费下载的音乐，也不代表其用于商业目的时无须授权，并且很明显各家音乐平台近年来加强了版权保护，不再提供MP3、flac等通用格式音频的下载，我们在音乐平台付费下载音乐时，就和我们到书店买书一样，只拥有阅读的权利，著作权人没有给我们其他用途的授权。

对于一些音效，我们可以选择一些免费的音效平台获取相应的素材，比如爱给网（www.aigei.com）和站长素材（sc.chinaz.com）两个平台。这两个平台中的资源均由网友上传，但质量良莠不齐，可能存在版权问题，因此需要制作者自己根据情况进行鉴别。

还有一点需要特别注意，就是我们有时会在类似淘宝的电商平台上看到很多便宜

图3-1-5 网易云音乐和QQ音乐

的音频素材库（图3-1-6），几十块钱就能买到一大堆音频，但这些音频一般都不受版权保护，对于这些素材进行少量付费，实际上仅仅节约了搜索素材的时间，请千万不要理解为花了几块钱，就得到了这些素材的使用权。

图3-1-6 淘宝上销售的音效素材

当我们想要将作品用于商业用途对外发布时，可以通过以下途径获取音乐音效素材。

首先我们可以选择一些提供正版授权的音频平台获取相应的素材，比如爱给网和站长素材两个平台。这两个平台中不仅有大量付费购买后可以获得相关商用授权的音频素材，它们还和CC零图片网一样，提供很多签署了"CC0"许可协议的免费商用音频素材。

另外还有很多专门制作版权音乐的公司，它们也会在网站上销售音乐的商业授权，如猴子音悦（houzi8.com）、看见音乐（www.kanjianmusic.com）。和爱给网、站长素材这类纯平台不同，这类公司拥有专业的工作团队，更新的速度更快，作品的质量更高，当然价格也相对较高。

除了国内的音频获取渠道，我们也可以查找国外的网站与平台，例如Adobe官方提供的免费音源素材（offers.adobe.com/en/na/audition/offers/audition_dlc），其音效素材总量在20G左右，提供免费下载和使用（图3-1-7）。

图 3 - 1 - 7　Adobe 的音源素材

　　无论是图片、设计素材、图标，还是字体、音乐与音效，这些资源的制作都凝结了制作者的灵感和劳动，在互联网时代，虽然分享和开放精神值得鼓励，但并不意味着可以抄袭或侵害他人的知识产权。中国的知识产权环境如今有了很大改善，也更加鼓励原创精神、保护原创成果，希望大家都可以从我做起，尊重和保护制作者的知识产权，这样我们才会看到更多优质原创作品不断涌现，为内容产业增光添彩。

第二节　H5 作品素材的加工

　　在整理好需要的素材之后，我们需要对素材进行加工，以便其满足 H5 作品的格式要求、文件大小合适。在这里，我们推荐了 H5 中不同类型素材的格式与大小（图 3 - 2 - 1），以及一些素材美化、加工、压缩的工具，以便制作者可以便捷地进行素材的处理。

图 3 - 2 - 1　H5 中不同类型素材的格式与大小

一　素材美化与加工

（一）图像设计与美化

市面上的图像设计工具有很多，例如 Adobe 公司开发的 Photoshop 和 Illustrator，它们不仅可以用于设计，还可以用于修图、制作 GIF 等动效和矢量元素，非常专业。但对于设计初学者或业余爱好者来说，这些工具的使用门槛较高，需要花费大量时间来学习和钻研。在移动互联网时代，我们可以接触到更多用于图像美化和处理的入门级 APP，比如美图秀秀、MIX 滤镜大师、简拼等（图 3-2-2），它们恰好可以满足设计初学者和业余爱好者的需求。

Photoshop　Ilustrator　美图秀秀　MIX滤镜大师　简拼

图 3-2-2　专业级与入门级图像设计与美化工具

（二）影音编辑工具

市面上的影音编辑工具多种多样，专业级制作者可以分别使用 Adobe Premiere 和 Audition 处理视频和音频。而对于初学者来说，会声会影基本可以满足影音素材处理的需求，也有很多美化效果和滤镜可供选择。

在短视频非常流行的今天，H5 中经常会用到短视频素材，而我们在移动端就可以快速完成这些短视频的拍摄和剪辑。市面上的短视频拍摄和处理 APP 目前也处于数量迅速增长、质量与用户体验良莠不齐的阶段，因此建议大家在使用这些 APP 时可以多下载、多体验，选择适合自身情况的 APP。使用移动端的短视频编辑 APP 的好处是，它们的操作界面符合移动端的短视频构图方式，还可自动生成适合在移动端播放的 MP4 格式视频，文件大小适中，不需要二次压缩。这里为大家推荐两款比较好的短视频编辑 APP，即 VUE 和小影（图 3-2-3）。

Premiere　　Audition　　会声会影　　VUE　　小影

图 3-2-3　多种多样的影音编辑工具

三 ║ 素材压缩的工具与方法

在制作 H5 作品时，我们需要对素材进行预处理，这是因为，H5 作品是同步到云端服务器上进行发布的，因此用户需要在网络环境下进行作品的阅读和浏览，无论是在流量的消耗方面还是在网络速度方面，进行 H5 作品素材的预处理，都可以使素材文件变小，减少流量消耗，实现快速加载。这里推荐一些图片、音视频的压缩工具，以便进行 H5 作品中不同类型的素材的预处理。

（一）图片压缩：TinPng

TinPng（tinypng.com）是一个在线网站，这个在线网站可以对图片进行压缩处理，并可以保证较好的显示效果与像素质量。操作方法非常简单，只要把需要压缩的图片全部选中，拖动到网站的方框内，即可开始压缩，如图 3-2-4 所示。

图 3-2-4　tinypng.com 网站操作界面

压缩完成后，点击"download"下载压缩文件，即可完成素材压缩。

（二）音频压缩：Audacity

在 H5 作品中，音频不宜过大，手机端浏览的作品中的音频不宜超过 200K，以免影响整体页面的加载速度。Audacity 是一款可以压缩音频的软件，可以通过这个软件来对音频进行编辑和压缩。

具体操作方法是，在 Audacity 中，选择"文件"菜单中的"打开"，载入音频文件，如图 3-2-5 所示。

在这个软件中，可以对载入的音频文件进行编辑，并实时收听最终的效果。编辑完成后，选择"文件"菜单中的"导出→导出为 MP3"，弹出"导出音频"对话框。在窗口中，可以设置音频的导出质量，如图 3-2-6 所示。

（三）视频压缩：Freemake Video

Freemake Video 在视频压缩的质量和文件大小方面都很有优势。点击操作界面左上角"视频"可以导入视频，点击右侧"小剪刀"可裁剪视频，如图 3-2-7 所示。

点击"转换"，可选择画面的大小。需要注意的是，H5 页面中的视频，视频编码器一定要设置成"H.264"，音频编解码器一定要设置成"AAC"。其他选项，可根据

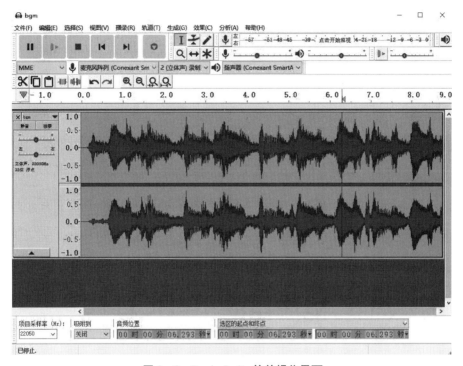

图 3 - 2 - 5 Audacity 软件操作界面

图 3 - 2 - 6 导出音频设置

需求进行设置。视频不宜过大，手机端浏览的作品中的视频不宜超过 20MB，以免影响整体页面的加载速度。

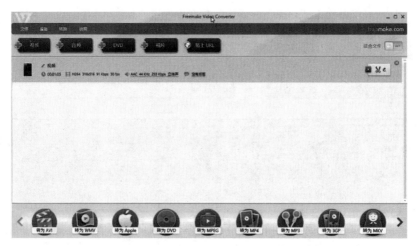

图 3 - 2 - 7　Freemake Video 软件操作界面

其他可能应用的工具推荐

除了音频、视频的加工处理工具以外，还有其他 H5 作品制作辅助工具，在本节中我们简要地为大家介绍这些工具以及它们的使用场景。

一 /// 文件格式转换

H5 的视频需要为 MP4（H.264 编码）格式，音频需要为 MP3 格式，如果文件不是这些指定格式，该怎样转换呢？这里给大家推荐一个普及率较高的文件格式转化工具——格式工厂。格式工厂支持所有主流媒体格式的相互转换，并且还额外具备视频合并、音频合并、混流等功能。其格式转换功能比较全面、操作友好，可以便捷地将文件转换为制作者需要的格式（图 3 - 3 - 1）。

二 /// 二维码生成器

在将 H5 作品添加到微信文章进行推送，或将 H5 作品通过线下海报、印刷品等渠道进行传播时，我们通常会把 H5 作品的链接转换成一个可以使用微信"扫一扫"功能扫描的二维码，用户扫描该二维码即可看到相应的 H5 作品。这个步骤就要用到二维码生成器，对二维码进行生成和装饰，将链接转变为一个可视的二维码元素进行保存。在这一步骤中，我们可以使用草料二维码（www.canva.cn）、微微二维码、第九工场等线上平台，来进行二维码的生成和美化。

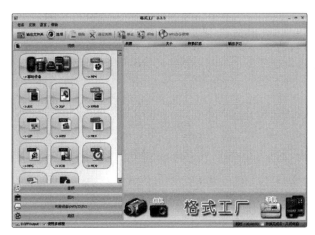

图 3 - 3 - 1　格式工厂软件操作界面

三 H5 作品策划与页面原型绘制工具

在 H5 作品的策划过程中，我们还有可能会用到页面原型绘制工具与思维导图绘制工具。

在互联网相关设计领域，原型的应用十分普遍，它是互联网产品执行前的框架样式，像设计 Logo 的草稿、海报的底稿、写书前需要构思好的大纲一样。"原型"应由产品经理或交互设计师完成，它是将产品的需求转化为页面的设计草稿，将页面的模块、元素、人机交互等形式利用图形线框等描述出来，有助于在项目执行前确保团队了解项目的设计内容、设计形式、难点和耗费周期等情况。H5 作品的原型就像是一个总体的计划，它能够减少你探索的时间，使你能够更早地向团队和项目指导人表达出你构想的设计形式和具体步骤，从而对你需要的资源进行调整。但多数情况下，由于 H5 页面层级并不复杂，内容更注重视觉和创意，所以在具体执行时，人们倾向于采用手绘草稿或者利用简单的软件去快速表现原型设计。

对于页面简单原型和线框图的绘制，我们可以使用 Axure。Axrue 拥有全套 Web 控件库，直接拖拽即可快速制作原型；丰富的动态面板可以用来模拟各种复杂的互动效果；导出 H5 页面后可以更加准确地传达信息架构和实现页面跳转。

对于思维导图绘制工具，我们可以使用比较经典的 XMind，这个工具在结构主题、导入导出格式支持、分享和使用体验等诸多方面都堪称一流。此外，还可以使用在线思维导图工具百度脑图（naotu. baidu. com），这款工具可以免费使用。

【思考题】

尝试着用表格的方式总结一下，在 H5 作品中运用到的素材种类、推荐格式与大小、素材查找渠道、素材处理工具，以及查找与加工过程中的相关注意事项。

第四章

H5 作品的页面设计

【学习要点】

1. 掌握新媒体设计中字体的分类。
2. 了解选择合适的字体的几个要素。
3. 掌握文字在排版时的尺寸要求，如字重、字号、字距、行距等。
4. 了解表现型与功能型字体。
5. 掌握如何通过版面率、图版率优化 H5 视觉。

第一节 /// 表现型字体与功能型字体

　　文字作为平面设计中重要的组成元素，既能最直接地将信息传递给读者，又能传递视觉美感，字体独特的视觉语言极大地丰富了设计的可能性，被广泛地运用于各个设计领域中。在信息化的时代，智能设备空前发展，字体的设计也发生了巨大变化。

　　进行 H5 作品的设计时，我们需要了解字体知识，熟练运用不同风格的字体，这里我们可以把 H5 中的字体分为表现型字体和功能型字体两种。

　　表现型字体：突出主题、渲染气氛，达到吸引读者眼球目的的字体（图 4-1-1、图 4-1-2、图 4-1-3）。

功能型字体：承载描述性文字信息的字体（图 4-1-4、图 4-1-5）。

龙飞凤舞

图 4-1-1 方正字迹-龙吟体

这么可爱

图 4-1-2 方正字迹-新手书

喵星人乐园

图 4-1-3 方正有猫在

透过字体给读者更多关爱

图 4-1-4 方正悠黑 508R

透过字体给读者更多关爱

图 4-1-5 方正悠宋 507R

第二节 如何选择合适的字体

更高级的设计手法和字体选择可以让表现型字体和功能型字体在其他元素的触发下，表达出更深层次的意念。

一 通过字体为要表达的信息配上适当的感觉

每种字体都有独特的情感和个性，也许是热情奔放、亲切友善，也许是新潮时尚、严肃正式、傻气呆萌，都有各自不同的性格。但大部分的字体并不是"万用"的，很多制作者在完成 H5 作品的时候只选用自己喜欢的字体，觉得好看就反复使用，或者虽然在多个不同主题的 H5 作品中选用了不同的字体，但这些字体的风格却十分相似，这都是没有妥善选择字体的情形。

我们在做 H5 设计的时候，首先要判断一个字体对你来说是怎么样的感觉，它适不适合放在这个设计里面，最好的方法就是先列出你希望作品呈现出哪些特质。

可以参考如下黑体字的分析方法，见图 4-2-1。

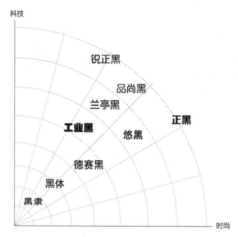

图 4-2-1　字体分析坐标轴

分析好你需要呈现的特质，就可以在字体库中选出字体备用，结合你的设计、排版来试看效果，当然如果能先确定好内容就更好了，这样就能直接挑选字体来配合建立好的内文调性。

H5 作品《万圣节奇妙之旅》（图 4-2-2）首页大标题选用了一款可爱圆润的创意字体，很像橡皮糖，使用方正飞翔数字版添加抖动特效后，这种有弹性的特征更加凸显；右下角按钮的字体则选用了带有神秘、古老意味的方正悬针篆变简体（图 4-2-3），突出万圣节这一古老的节日主题。

方正悬针篆变的创意源于三国时期东吴皇象所书的《天发神谶碑》。这款字体的字形保留了篆书的悬垂、对称等规律，并将隶书与楷书的笔画特征融为一体，实为三种书体的统一。整体字形修长，结构上密下疏，起笔见方，收笔尖锐，如钢针下悬。方正悬针篆变将传统书法艺术融入现代字形之中，风格复古，装饰性强，适用于历史题材类、悬疑类的设计。

当字体符合 H5 作品的主题时，大家浏览起来会更快更容易；若两者不合，文字就会变得混乱，拖慢读者的阅读速度。对于 H5 作品来说，用户浏览起来越轻松，就越容易找到他们想要的内容，进行交互或达成原本的使用目的。

例如关于垃圾分类大作战的 H5，如果我们将首页标题字设置为正文常用的兰亭黑（图 4-2-4），效果就不如原来的方正手迹-爱情麻辣烫（图 4-2-5）。

图 4 - 2 - 2　H5 作品《万圣节奇妙之旅》

H5 设计师：古晓滨

图 4 - 2 - 3　方正悬针篆变简体

字体设计师：卢帅

图 4 - 2 - 4　方正兰亭黑　　　　　图 4 - 2 - 5　方正手迹 - 爱情麻辣烫

　　同样如果我们将下面两张对比图（图 4 - 2 - 6、图 4 - 2 - 7）的按钮字体更换为适合陈述性文字的黑体，则效果也会大打折扣。

图 4 - 2 - 6　方正手迹-爱情麻辣烫　　　　图 4 - 2 - 7　方正兰亭黑

　　这里并不是建议大家都去选表现型字体，甚至无论标题、正文还是图标（icon）全部都选表现型字体，而是需要结合你的设计风格，去分析你想要的字体特质，有多个选择时就多尝试，搭配设计图看效果。

　　对于垃圾分类大作战的 H5，制作者策划了类似《找你妹》的找垃圾小游戏，所以其整体设计风格更卡通，更像一款休闲游戏 H5，适合选用可爱的接近游戏风格的字体。对于一些更严肃的 H5 作品，比如宣扬传统文化的 H5，不一定非要选创意十足的表现型字体。我们来看看有关中国茶文化的这款 H5 作品（图 4 - 2 - 8），无论是标题还是正文，甚至图标都选择了古朴的刻本字体——方正刻本仿宋（图 4 - 2 - 9）。

图 4 - 2 - 8　H5 作品《中国茶文化知识》　　　　　图 4 - 2 - 9　方正刻本仿宋
字体：方正刻本仿宋　H5 设计师：古晓滨

方正刻本仿宋借鉴了清刻本重刊古本《广韵》中文字的刀刻痕迹。在字形上，虽然整体结构效仿了仿宋，但它的横笔画不及仿宋那么陡峭，字形更加水平和方正。这款字体还参考了楷书的布白，使得成段后的文本灰度更加均匀。另外，方正刻本仿宋的西文字体，是根据清华大学美术学院余秉楠教授设计的"友谊体"补充设计而来。方正刻本仿宋保留了刻本风格，朴素坚实，非常适用于传统文化类的 H5 作品。

二 通过了解读者来选择更合适的字体

现在我们已经为我们的设计搭配了完美的字体，但仍然有个小问题，即并非所有人对同一种字体都有一样的感觉，可能有一部分人觉得这款字体很新潮，另一部分人就觉得它过时。选择了适合的字体后，我们还要确定它是否适合我们的用户。因为人们看字体的方式受到文化因素的影响，而文化又和年龄及地区有相当大的关系，所以要对我们的目标读者有敏感度。如果对选择的字体有所迟疑，不妨多问问 H5 的目标用户。分析目标受众的特性，不仅能够帮助我们选择更加合适的字体，还能让文字排版效果更好。

对于比较特殊的 H5 作品，我们要先思考受众的喜好，他们是否能够喜欢我们选用的字体？是否能够接受我们的 H5 设计风格？

三 混排时中文字体应与西文字体相匹配

很多时候我们做 H5 作品时会遇到中西文混排的情况。汉字与拉丁字母的形体结构有较大差异，汉字为方块字，而拉丁文有上升线和下伸线，如图 4 - 2 - 10 所示。想要在中西文混排时令两种字体视觉大小近似，首先要选择风格接近的两种字体，再根据选择，通过调整拉丁字母大小来看设计效果。

图 4 - 2 - 10　中西文混排

这里我们推荐一些中西文匹配的字体，供大家参考。

西文字体：Ebony，Typetogether；中文字体：方正悠黑，方正字库（图 4 - 2 - 11）。

Ebony Thin	方正悠黑503L
	方正悠黑504L
Ebony Light	方正悠黑505L
	方正悠黑506L
	方正悠黑508R
Ebony Regular	方正悠黑509R
	方正悠黑510M
Ebony SemiBold	方正悠黑511M
	方正悠黑512B
Ebony Bold	方正悠黑513B

图 4－2－11　Ebony & 方正悠黑

西文字体：Portada，Typetogether；中文字体：方正悠宋，方正字库（图 4－2－12）。

Portada Thin	方正悠宋503L
Portada Thin Italic	方正悠宋504L
	方正悠宋505L
Portada Light	方正悠宋506L
Portada Light Italic	方正悠宋507R
	方正悠宋508R
Portada Regular	方正悠宋509R

图 4－2－12　Portada & 方正悠宋

西文字体：Adelle Sans，Typetogether；中文字体：方正俊黑，方正字库（图 4－2－13）。

Adelle UltraThin	方正俊黑简体_纤
Adelle Sans Thin	方正俊黑简体_细
Adelle Sans Light	方正俊黑简体
Adelle Sans Regular	方正俊黑简体_准
Adelle Sans SemiBold	方正俊黑简体_中
Adelle Sans Bold	方正俊黑简体_粗

图 4－2－13　Adelle Sans & 方正俊黑

第三节 ║║ 文字排版的基本要素

字重、字号、行距、行长是文字排版的四个基本要素。

一 ║║ 字重

一般情况下：

字重越粗越显得沉稳、厚重、醒目；字重越细越显得飘逸、灵动、隽秀。

可以结合设计案本身，通过不同字重来区分信息的优先级，以此表达情感。

二 ║║ 字号

字号是中文字库特有的单位，如五号字、四号字，通过中文代号来表示特定的磅值 pt（point，磅）。磅是一个物理长度单位，指的是 1/72 英寸[①]。

纸质印刷物，例如书刊正文字号为 9～12pt，一般为 10.5pt，网页字号介于 15～20pt 之间，通常浏览器默认的字号是 16pt。移动端通过 px（pixel，像素）来计量单位。我们以微信公众号文章的字号为例，正文字号设置为 14～17px 相对合适，通常新媒体编辑们在微信公众号上排版时，默认字号是 17px（图 4 - 3 - 1），而 14px（图 4 - 3 - 2）的正文看起来更舒适一些。

《颜勤礼碑》，系颜真卿于大历十四年（公元779年）所书，时年七十一岁，为颜真卿晚年书法精品。此碑结字端庄，宽润舒朗，气势雄强，骨架开阔，具有大唐盛世之气象。

世人对颜鲁公的尊敬，也体现在了复刻其书法方面。今天向大家展示的，就是两款精心复刻的颜体字体——方正字迹-书体坊多宝塔颜体与方正字迹-书体坊勤礼碑颜体。

这两款字，是书体坊主人禚效锋以原拓文字为基本，对原拓文字进行描摹、放大、精修，依照原书法风格的同时，兼顾了艺术性和实用性，充分展现出颜体书法之美。

图 4 - 3 - 1 17px 　　　　　　　図 4 - 3 - 2 14px

[①] 1英寸约合 2.54 厘米。

因手机屏幕过窄，对于竖版 H5 大段文字的排版，字号过大整个界面会显得拥挤，通过调整字号和段落间距、行距，能让版式更有呼吸感。同时在设计版面时，不要忘了第一章提到过的页面安全区的概念。

对于 H5 作品来说，其字号选择与图书和微信公众号文章有着很大的差异。图书的文字最终会印刷到纸张上，无论是 16 开还是 32 开，10.5 磅都是最适合阅读的正文字号，纸张的大小只会影响单页字数的增减，字号大小永远不会发生变化；微信公众号文章的文字内容是流式的，在不同阅读设备的屏幕上，同样只会改变每行能够容纳的字数，字号也不会发生变化。而 H5 不同，我们在创建作品时，需要确定一个尺寸，因为 H5 页面自适应的原因，同样一个字号，版面的尺寸越大，在同一个阅读设备上显示的字越小。我们在选择字号的时候，基于最常用的全面屏 640px ＊ 1 260px 尺寸版面，不同字号在手机中的显示效果如图 4-3-3 所示。

图 4-3-3　基于 640px ＊ 1 260px 尺寸版面，不同字号在手机中的显示效果

和微信公众号文章一样，H5 作品主要也是在微信中浏览，所以我们同样推荐"视觉"上的 14px 大小字号，其为最适合阅读的正文字号，在图 4-3-3 所示的字号中，一号字的效果最接近。

当我们创建其他分辨率大小的作品时，可以通过等比计算的方式，得出适合的字号大小，如我们希望选择图 4-3-3 中的 84 磅字作为作品的标题字号，那么当我们的作品尺寸宽是 320px 时，字号应该为 84×320/640＝42（磅）。

根据 pt 及 px 的定义，pt＝1/72（英寸），px＝1/dpi（英寸）。为了方便大家理清字号与 pt、px 的对应关系，这里我们提供三者的转换表（表 4-3-1）供大家参考。

表 4 - 3 - 1 　　　　　　　　　　　　　字号、pt、px 换算表

字号	pt	px
初号	42pt	56px
小初	36pt	48px
	34pt	45px
	32pt	42px
	30pt	40px
	29pt	38px
	28pt	37px
	27pt	36px
一号	26pt	35px
	25pt	34px
小一	24pt	32px
二号	22pt	29px
	20pt	26px
小二	18pt	24px
	17pt	23px
三号	16pt	22px
小三	15pt	21px
	14.5pt	20px
四号	14pt	19px
	13.5pt	18px
	13pt	17px
小四	12pt	16px
	11pt	15px
五号	10.5pt	14px
	10pt	13px
小五	9pt	12px
	8pt	11px
六号	7.5pt	10px
	7pt	9px
小六	6.5pt	8px
七号	5.5pt	7px
八号	5pt	6px

行距与行长

对于同一段文字，竖版 H5 和横版 H5 的行长是不同的，行长不同，行距也应有

所差别。通栏与分栏时排版的间距也不同。合适的行距是多少，可以参考图 4 - 3 - 4 的示例。

　　行长大时，行距最好为 1.5～2.0，1.75 左右最舒服。行长短时，行距过大反而不利于阅读，因此比 1.75 倍行距小一点观感更舒服。易于阅读的文字版式通常是由行距和行长共同决定的。如图 4 - 3 - 5，这里我们用 1.675 倍行距来对比，具体行距需要根据 H5 设计去调整。

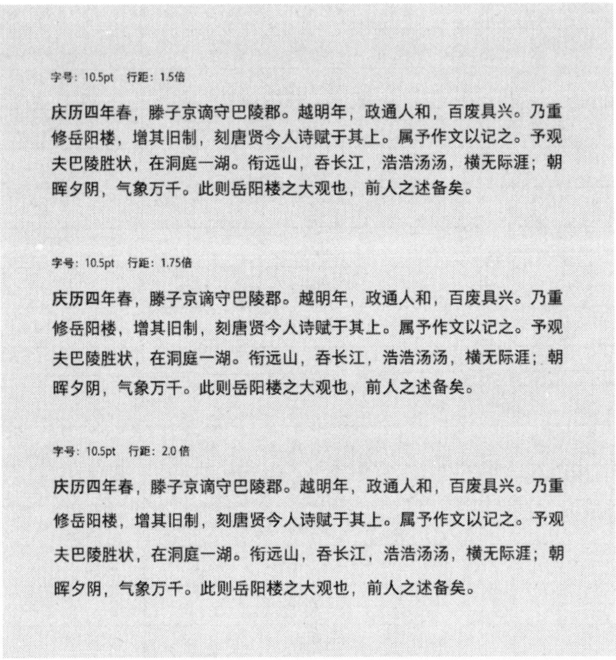

图 4 - 3 - 4　几种行距示例

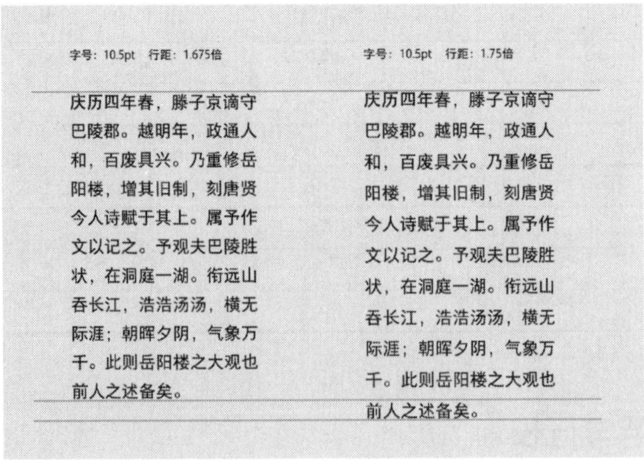

图 4 - 3 - 5　两种行距对比

第四节 ||| 表现型与功能型字体推荐

　　方正标致体作品是方正2017年出品的一款偏圆润、非严肃的字体，趣味性很足。其不断变化和难以捉摸的特性，恰恰就是动态的本质所在。萃取人类曼妙的肢体语言，呼唤人字合一的书写精神，让文字宛如从心里流出，原来朴素才最有力量！笔画的角度和曲线的密切关系，使字体表现出形体细微的连贯性。方正标致体适合需要一定活力与创意的相关设计场景（图4-4-1）。

疯狂的兔子

图4-4-1　方正标致体

字体设计师：倪初万

　　方正诗甜宋的创意灵感源于钢笔书写的笔形特征，经过提炼整理，笔画更加规则化。诗甜宋横细竖粗，造型独特，体现出设计宋体的新风格，包含8种字重，适合多种快消品、电子产品等题材的设计（图4-4-2）。

蜂蜜白桃

图4-4-2　方正诗甜宋 Heavy

字体设计师：郭炳权

　　方正快盈体的设计灵感源于一款羽毛球拍的Logo。每一个"口"形左下角的小缺口，成为这款字体的焦点和特色，适度的修饰线也为字体增添了光彩。快盈体家族含8种字重，适合运动题材的H5设计（图4-4-3）。

自律给我力量

图4-4-3　方正快盈体 Heavy

字体设计师：郭炳权

　　寒冰体来源于寒冷冬日的冰凌，起笔粗重，收笔尖锐，粗细对比强烈，线条呈弧形抛物线，整体造型优美和谐、轻松谐趣、充满动感。方正寒冰体系列包含8种字重，适合运动、旅游、交通、游戏等题材的H5设计（图4-4-4）。

　　方正精气神体系列字体设计灵感来源于传统年画所带有的"精气神"韵味，传统又带有灵气。这款字体笔画较粗，首先带给人一种敦厚质朴的感觉；铅笔产生的自然肌理又使字体颇具手写意味；在负形空间的处理上，这种字体统一形成了较小的负形

寒冰射手

图 4 - 4 - 4　方正寒冰体 Heavy

字体设计师：郭炳权

空间，使文字看起来稳重端正又不呆板，更加具有趣味性。该系列字体包含 8 种字重，适合卡通、游戏类 H5 设计（图 4 - 4 - 5）。

神清气爽！

图 4 - 4 - 5　方正精气神体 Heavy

字体设计师：谢丽丹

　　方正清纯体是一款运用几何法设计的创意字体。其笔画对比明显，横细竖粗，折笔处均为圆弧形，撇、捺笔画对称。方正清纯体家族包含 8 种字重，气质温婉、清新，宛若清纯可人的少女，适合女性类服饰、日化、家居品牌的 H5 设计（图 4 - 4 - 6）。

所谓伊人

图 4 - 4 - 6　方正清纯体 Heavy

字体设计师：郭炳权

　　方正雅宋最初是为丰富标题宋体字而设计。源自铅字时代的宋体字，从字形结构到笔画风格都难以满足日益丰富的应用需求，方正雅宋诞生于全新的数字时代，字形结构饱满，中宫放松，笔形挺拔流畅，笔锋简洁鲜明、富有朝气。方正雅宋家族具有 9 种字重，外加 2 种窄字身和扁字身的字体，可同时满足标题和正文的排版需求。这款字的整体风格清新醒目、现代时尚，不但适用于各类传统纸媒，因其横竖笔画粗细适度，还可直接用于屏幕阅读，适合正式的 H5 新闻的设计（图 4 - 4 - 7）。

高端大气

图 4 - 4 - 7　方正大雅宋

字体设计师：朱志伟

　　方正摩登体设计灵感源于国际单车比赛中一辆赛车特有的标志。左侧笔画用直线、右侧笔画用弧线表达，所有"口"形设计都有小缺口，表现出不受束缚的态度。该系列字体包含 8 字重。适合年轻时尚、运动、食品宣传、活动比赛等 H5 设计（图 4 - 4 - 8）。

　　方正快活体的创作灵感来源于一个换牙期孩童的灿烂笑容。快活体的"口"形用

我的滑板鞋

图 4 - 4 - 8　方正摩登体 Heavy

字体设计师：郭炳权

缺了下划线来表达特色，形成底部开口（笑容）的布局，充满趣味性；创意大胆，但又不失文字的可识别性。非常适合儿童、年轻人品牌以及饮料、食品等的广告宣传和 H5 设计（图 4 - 4 - 9）。

加油奥利给！

图 4 - 4 - 9　方正快活体 Heavy

字体设计师：郭炳权

方正正大黑的设计源于"北大方正集团"的标志字体，是一套为企业 VI 系统设计的专用字体。这款字体的字面开阔，重心较高，笔画有对称的镜像感，右下角折笔处均呈圆弧形，撇捺笔画的起笔与收笔由粗渐细，简洁时尚。方正正大黑的笔形结合了黑体特征，拓展成为一款家族化的黑体字。方正正大黑家族包含 6 种字重，已被广泛应用于各类报纸、杂志、广告、企业形象、包装和电视广播媒介中（图 4 - 4 - 10）。

活动邀请函

图 4 - 4 - 10　方正正大黑

字体设计师：卢帅

方正工业黑是一款偏重于装饰性的创意黑体。这款字体笔画粗壮，负形平行、对称，重心平稳，字面饱满。方正工业黑风格时尚、刚正、厚重，分量感十足，适合时尚、充满力量感的 H5 作品（图 4 - 4 - 11）。

我爱摇滚！

图 4 - 4 - 11　方正工业黑

字体设计师：刘汉旭

方正侠客体的创作灵感源自评书《聂隐娘》，写字如挥剑，讲究轻重缓急，当时希望用这种斩钉截铁的率性书写来呈现侠客的潇洒与果敢。古人云："随心所欲不逾矩。"我们必须尊重传统、敬畏传统，在此基础上创作出具有时代特色的作品。侠客体的创作就是基于这样的理念，它师法古代经典碑帖，比如颜真卿、张即之、朱熹等名家作品，字形以行楷为基准，尽可能保留笔画的丰富性，比如粗细变化、相同偏旁部首的变化以及飞白的效果等。设计师希望创作一种既符合传统书法的笔法与结构，又具有视觉设计张力的书法标题字体。本字体主要适合影视类、武侠题材的 H5 设计（图 4-4-12、图 4-4-13）。

刀剑如梦

图 4-4-12　方正侠客体

字体设计师：张弥迪

图 4-4-13　方正侠客体

方正汉真广标是一款几何化设计的创意字体。这款字体的笔画轮廓由直线和弧线构成，横竖笔画交叉处、折笔处和部分收笔处呈圆弧形，撇、捺笔画镜像对称，字形充满整个字面框，重心平稳。方正汉真广标的风格刚中带柔，庄重大方，适合教育类、家居类 H5 设计（图 4-4-14）。

课堂演练

图 4-4-14　方正汉真广标

字体设计师：刘燕声

方正清刻本悦宋的设计源于清朝武英殿铜活字本《四书章句》。武英殿多以长方宋体字刻印书籍，排印的书籍以书品华贵、版印精良享誉天下。原帖字形修长，笔画微斜，整齐中平添灵动秀雅之美。方正清刻本悦宋笔画既富含笔墨之意，又彰显刀刻之功，笔刀结合、刚柔并济。字里行间隐含着历史古韵，渗透着文化气息，似若点点瑕疵，恰恰给人以质朴自然之美。这款字体的竖排效果很好，适合古典题材 H5 设计（图 4-4-15）。

明朝那些事儿

图 4-4-15　方正清刻本悦宋
字体设计师：杨雁

方正悠黑家族是方正第二代中文屏显字体。其设计充分利用高清屏幕的物理特性，寻求新技术和传统审美之间的平衡；适当收紧中宫和缩小字面，使得单字的轮廓清晰，易于阅读识别；笔形保留了汉字书写的笔锋特征和间架结构，适合长时间屏幕阅读。方正悠黑家族由 135 款字体组成，包括 15 种字重，4 种扁字形和 4 种长字形。此外，还专门设计了全套的西文字体和符号，使不同字重的西文字体在与中文混排时更加协调一致。方正悠黑的设计富含人文气息，排版清朗温润，不但适用于各种便携式屏幕，还适用于传统印刷媒介，是 H5 功能型黑体字首选（图 4-4-16）。

字号：10.5pt　行距：1.75倍

庆历四年春，滕子京谪守巴陵郡。越明年，政通人和，百废具兴。乃重修岳阳楼，增其旧制，刻唐贤今人诗赋于其上。属予作文以记之。予观夫巴陵胜状，在洞庭一湖。衔远山，吞长江，浩浩汤汤，横无际涯；朝晖夕阴，气象万千。此则岳阳楼之大观也，前人之述备矣。

图 4-4-16　方正悠黑 508R
字体设计师：仇寅

方正悠宋家族以突破当下屏显用字板结于黑体的局面为诉求，通过对笔画造型、粗细对比、文字中宫和字面率的设计，萃取书写精神，平衡技术和艺术的关系，开启屏显阅读新体验，是 H5 功能型宋体字首选（图 4-4-17）。

字号：10.5pt　行距：1.75倍

庆历四年春，滕子京谪守巴陵郡。越明年，政通人和，百废具兴。乃重修岳阳楼，增其旧制，刻唐贤今人诗赋于其上。属予作文以记之。予观夫巴陵胜状，在洞庭一湖。衔远山，吞长江，浩浩汤汤，横无际涯；朝晖夕阴，气象万千。此则岳阳楼之大观也，前人之述备矣。

图 4-4-17　方正悠宋 507R
字体设计师：仇寅

方正雅士黑系列字体是具有典雅气质的风格化黑体作品。创作灵感来源于经典的拉丁文字体 Optima，其笔画横纵比例约为 1∶3，兼具了黑体的简洁和宋体的雅致。整体字形方正，刚柔相济，优雅大方。雅士黑拥有 6 种字重，可以涵盖正文和标题的排版使用，适合大部分类型的 H5 作品（图 4-4-18）。

方正萤雪是以日本欣喜堂公司同款日文字体为基础开发的。这款字体复刻自清代嘉庆年间的《钦定全唐文》。《钦定全唐文》作为皇家软字刻本，雕刻工艺尤为精良。按照

字号：10.5pt 行距：1.75倍

庆历四年春，滕子京谪守巴陵郡。越明年，政通人和，百废具兴。乃重修岳阳楼，增其旧制，刻唐贤今人诗赋于其上。属予作文以记之。予观夫巴陵胜状，在洞庭一湖。衔远山，吞长江，浩浩汤汤，横无际涯；朝晖夕阴，气象万千。此则岳阳楼之大观也，前人之述备矣。

图 4 - 4 - 18 方正雅士黑

字体设计师：汪文

排版要求，设计师对方正萤雪的字形和笔形做了重新规范，并制作了中文简体字。方正萤雪带有清代刻本的韵味，刚柔并济，字形端庄、秀美、灵动。以之排出的正文温润、清秀，渗透出一股典雅的人文气息，十分适合古典类题材的 H5 作品（图 4 - 4 - 19）。

字号：10.5pt 行距：1.75倍

庆历四年春，滕子京谪守巴陵郡。越明年，政通人和，百废具兴。乃重修岳阳楼，增其旧制，刻唐贤今人诗赋于其上。属予作文以记之。予观夫巴陵胜状，在洞庭一湖。衔远山，吞长江，浩浩汤汤，横无际涯；朝晖夕阴，气象万千。此则岳阳楼之大观也，前人之述备矣。

图 4 - 4 - 19 方正萤雪

字体设计师：今田欣一

方正品尚细黑是一款几何感十足的黑体字。其笔画造型方圆交融，撇捺挺拔锐利，与转折处优美圆润的弧度形成反差。另外，横笔画略细于竖笔画，去喇叭口，更为现代时尚。这款字体的整体风格刚柔并济，稳重亲和，极富商业气息。方正品尚细黑家族有 6 种不同的字重，适合金融题材的 H5 设计（图 4 - 4 - 20）。

字号：10.5pt 行距：1.75倍

庆历四年春，滕子京谪守巴陵郡。越明年，政通人和，百废具兴。乃重修岳阳楼，增其旧制，刻唐贤今人诗赋于其上。属予作文以记之。予观夫巴陵胜状，在洞庭一湖。衔远山，吞长江，浩浩汤汤，横无际涯；朝晖夕阴，气象万千。此则岳阳楼之大观也，前人之述备矣。

图 4 - 4 - 20 方正品尚细黑

字体设计师：李妙杰、苏士鹏

方正宋刻本秀楷复刻自宋代刻本《攻媿先生文集》。刻本中的楷体呈欧体风格，字形略为狭长，娟秀清丽，笔形瘦劲挺拔，刚健有力。尤其是横笔画微微上斜，笔画的起收转折已经初显"宋体"的演变端倪，兼有书写与雕刻的双重美感。方正宋刻本秀楷秉承宋版韵味，笔形忠实于雕版的手工痕迹，质朴、灵动，并按照当代字体的设计要求，在个性和规范之间做了很好的平衡，即便使用小字号也不会影响其易读性，同样适合古典题材的 H5 作品（图 4 - 4 - 21）。

字号：10.5pt　行距：1.75倍

庆历四年春，滕子京谪守巴陵郡。越明年，政通人和，百废具兴。乃重修岳阳楼，增其旧制，刻唐贤今人诗赋于其上。属予作文以记之。予观夫巴陵胜状，在洞庭一湖。衔远山，吞长江，浩浩汤汤，横无际涯；朝晖夕阴，气象万千。此则岳阳楼之大观也，前人之述备矣。

图 4-4-21　方正宋刻本秀楷

字体设计师：汤婷

第五节　通过版面率、图版率合理安排 H5 页面的层次

　　H5 由多个页面及交互动效组成，每一个页面都起着不同的作用。首页吸引受众，介绍你的 H5 是"做什么的"，一些关键页面对故事线起着承上启下的作用。如果设计层次分得好，看起来就整齐，容易定位，读者可以很容易地找到想要的信息。视觉引导让读者能够快速解锁你的 H5 逻辑线，从而了解你的 H5 在说什么。

　　平面设计中有三率一界的概念，三率指的是版面率、图版率和跳跃率，而一界指的是视觉界限。对于 H5 页面的版面设计，我们主要分析版面率与图版率。

一　版面率

　　版面率指的是一个平面作品内全部元素占整个版面的比率。

　　版面率高的示例如图 4-5-1 所示。

图 4-5-1　《万圣节奇妙之旅》

H5 设计师：古晓滨

版面率低的示例如图4-5-2所示。

图4-5-2 《中国茶文化知识》

H5设计师：古晓滨

留白指的是版面中不进行任何设计装饰的空间，并非仅仅指白色空间，任何颜色的版面都可以存在留白。合理的留白有助于引导读者的视线，使读者阅读起来有所停留，让眼睛有地方休息，并进一步突出H5页面设计的视觉焦点，加深读者印象。

版面率高、留白相对较少的示例如图4-5-3所示。

图4-5-3 《垃圾大作战》游戏环节

H5设计师：古晓滨

版面率低、留白相对较多的示例如图4-5-4所示。

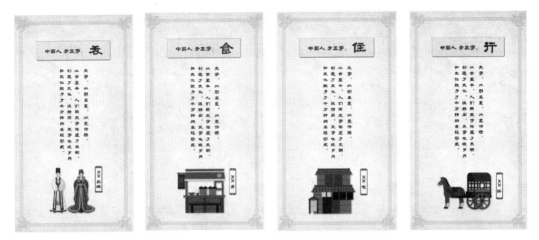

图 4-5-4 《中国人 方正字》

H5 设计师：古晓滨

留白是影响版面率的重要因素，一般来说，留白越多，版面率越低，H5 页面越显得恬静典雅；留白越少，版面率越高，H5 页面越显得活泼热闹（图 4-5-5）。

图 4-5-5 留白影响版面率

三 // 图版率

图版率指的是 H5 页面中图片所占面积在整个版面中的占比，图片元素越多，图片本身面积越大，图版率越高，当 H5 页面的整个版面全部都是文字时，图版率为 0。

图版率较低的示例如图 4-5-6 所示。

一般来说，当图版率为 0 时，读者对 H5 的阅读欲望会很低，会让人觉得这个 H5 页面非常单调乏味。当你的 H5 页面布满了大段的文字，没有其他的图片元素，甚至没有留白时，读者阅读起来就会非常累。

图版率较高的示例如图 4-5-7 所示。

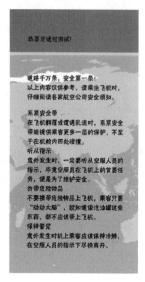

图 4-5-6　图版率较低

图 4-5-7　《中国机长》

H5 设计师：古晓滨

所以我们要思考 H5 的页面设计，对于陈述性信息较多的页面，应提高图版率，恢复读者的阅读兴趣，增加留白，让整个版面重新充满生机。

除了增加图片、插画等元素，我们也可以通过色块来提高图版率。如果全是陈述性文字，观众读起来像看电子书，H5 作品就失去了优势。大家可以在具体设计时，思考如何将复杂冗长的信息通过图像的方式表达出来。

【思考题】

1. 尝试全面分析一些热门的 H5 作品，从用字到版面率、图版率。

2. 总结一个 H5 选题，如保护环境、情人节、古典文学等，看看该选题可能会用到哪些表现型字体和功能型字体?

第五章

方正飞翔数字版功能快速入门

【学习要点】

1. 掌握方正飞翔数字版工作区各个部分的命名。
2. 掌握方正飞翔数字版的基础操作，进行文字和图片排版的基础操作。

第一节 // 方正飞翔数字版基础操作

本节概述了方正飞翔数字版（以下简称"飞翔"）的基础操作，介绍了工作区、新建与保存飞翔工作文件的方法，帮助您了解飞翔，快速上手。

一 // 工作区介绍

在学习方正飞翔数字版的基础操作之前，我们首先了解一下方正飞翔数字版的整个工作区。

方正飞翔数字版的界面包含四个主要部分：选项卡与快速访问工具栏、工具箱与工具条、浮动面板、版面与辅助板。选项卡与快速访问工具栏在界面的顶部，工具箱与工具条在界面的左侧，浮动面板分部在界面的左右两侧，版面与辅助板在界面的中央。界面的组成部分与工作区的具体模块组成名称，如图5-1-1所示。

认识方正飞翔
数字版工作区

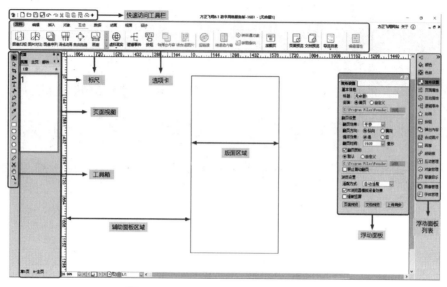

图 5-1-1 方正飞翔数字版操作界面

（一）选项卡与快速访问工具栏

选项卡是飞翔最主要的操作界面，选项卡中的每个选项卡都集合了相关的功能按钮。打开"更多"功能菜单，将鼠标移动至你常用的功能选项上，点击鼠标右键可选择将该功能添加到当前选项卡上，形成操作按钮。当选项卡上的按钮无法在软件窗口中完整显示时，可以点击两侧箭头按钮，滚动选项卡。

飞翔一共有八个选项卡和一个文件菜单。

● 文件菜单：主要用于文件操作，如新建文件、打开文件、保存文件、打包文件、输出发布文件等。

● 编辑选项卡：主要用于文字段落内容编辑，如字体设置、字号设置、粗斜体设置、文字对齐方式设置等。

● 插入选项卡：主要用于插入内容和对象，如插入页面、插入文字块、插入图片、插入音频等。

● 对象选项卡：主要用于控制对象，如对象宽高、对象位置、对象旋转角度、对象间对齐方式等。

● 互动选项卡：主要用于设置纯交互类功能，如自由拖拽、图像扫视、合成图片、按钮等。

● 数据选项卡：主要用于设置和数据统计有关的功能，如单选、列表、计数器、计时器等。

● 动画选项卡：主要用于设置对象动画效果，提供进入、强调、退出三种预设动画效果和路径动画、形变动画两种自定义动画效果。

● 视图选项卡：主要用于控制软件界面视图显示效果，如图像显示精度、显示比例、提示线颜色等。

● 设计选项卡：主要用于设置对象特殊效果，如阴影、透明、艺术字等。

快速访问工具栏在选项卡的上方，和我们熟悉的 Office 一样，这里主要放置一些打开、保存、撤销、恢复、输出等常用操作，固定显示在界面顶部，不随选项卡切换，方便快捷操作。支持点击"＋"按钮自定义添加更多功能按钮。

（二）工具箱与工具条

工具箱中包含了各种工具，用于创建、修改对象。准确地说，工具的作用是规定了鼠标、键盘操作的环境，真正的工具是鼠标、键盘。如果我们选择了表格画笔工具，就可以用鼠标来绘制表格，选择了矩形工具则可以用鼠标来绘制矩形。工具箱中的选中工具和 T 工具是两个非常重要的工具。在选中工具下，可以用鼠标选中、移动对象，也可以改变对象大小等。在 T 工具下，我们可以用鼠标点击文字流，对文字进行编辑。工具箱最常见的几类用途有：选择对象、移动对象、输入文字、绘制图形、创建动画路径。

除了大家一打开软件就能看到的工具箱外，我们还可以添加工具条。点击快速访问工具栏上的"＋"按钮可以设置预设好的"排版工具条""对齐工具条""对象操作工具条"是否显示，也可以选择"更多命令"，弹出自定义窗口，在工具条选项中新建一个工具条，在工具条命令选项中，将命令拖入新建的工具条中，形成个性化的工具条。

（三）浮动面板

飞翔将一些需要持续操作，并且在操作时需要随时看到版面效果的常用功能纳入了浮动面板。浮动面板分列在版面的左右两侧，左侧的浮动面板包括页面、主页、部件库、素材四个面板，可以通过视图选项卡控制面板是否显示，或在鼠标悬停于 TAB 栏时显示。

● 页面：类似 PPT 左侧的幻灯片视图，通过页面视图能够快速浏览作品的所有页面，选中任一页面缩略图可以进行页面切换，右键菜单中可以进行新建、剪切、复制、粘贴、删除或移动页面等操作。

● 主页：用于统一管理页面中共有的内容，同样可以进行新建、剪切、复制、粘贴、删除或移动页面等操作。一个文件中，可以存在多个主页，通过"应用主页到页面"能够为每个主页指定应用的页面范围，主要用于放置背景图片以及在多个页面重复出现且位置不变的其他对象元素。

版面右侧的浮动面板主要用于设置各类属性动作和管理它们的功能，如颜色、页面属性、互动属性、按钮、逻辑事件、发布设置、对象管理、互动管理等。长按浮动面板列表可以按照用户习惯进行排序、分组；点击浮动面板列表，可以显示浮动面板，可以把面板拖出停靠区，放在用户习惯的位置，也可以进行多个面板"合并"或"吸附"显示。按 F2 键可快速隐藏和显示浮动面板。

（四）版面与辅助板

版面区域是软件的核心显示区域，所有要展现给读者的对象都要放在版面区域内，并进行合理的布局排版。

辅助板区域的主要作用是辅助存放对象。在制作作品时，当版面区域的内容比较多、层次比较丰富时，为了方便操作某些被覆盖的对象，我们可以把上层对象暂时移动到辅助板区域，另外一些不需要让读者看到的对象内容，也可以放在辅助板上。

（五）其他

1. 状态栏

状态栏位于界面的最底端，用来反馈版面上的一些重要信息。

2. 滚动条

滚动条位于界面中版面的左下角，可以进行增加页面、跳转到主页和删除页面的操作。

3. Tip 提示

方正飞翔数字版的界面上，提供了一些实用提示，将鼠标停留在按钮或菜单上，可以看到相关的操作或功能提示信息。

4. 标尺

如果页面上没有显示标尺，勾选视图选项卡中的"标尺"按钮，即可显示标尺。拖动两个标尺的交点，可以改变坐标原点（0，0）。用鼠标双击两个标尺的交点，可以将坐标原点恢复至版心左上角；按住 Shift 双击原点，则将原点设为页面左上角。标尺上的刻度单位，可以在"偏好设置"窗口中的"单位和步长"属性页里设置。也可以将光标点击到标尺上，在右键菜单里修改标尺的单位。

5. 提示线

飞翔提供水平和垂直两种提示线，用于对象的精确定位。提示线用于辅助排版，只能显示，并不会在后端输出。按住鼠标左键从标尺上向页面内拖动鼠标，即可拖出提示线。将提示线拖回标尺，即可删除提示线。选中提示线按 Del 键，也可以删除提示线。提示线的选中与普通对象一样，鼠标点击即可选中。按住 Shift 键点击，可选中多根提示线。此外，也可以按住鼠标左键，拖动鼠标，此时在鼠标移动区域内的提示线都将被选中。在框选区域内选择提示线时，需在"文件"菜单中的"工作环境设置→偏好设置"里，将框选对象方法选为"局部选择"。

二 新建和保存文件

新建文件有两种方法。一种是在启动飞翔时，在欢迎画面上选择"新建文档"，如图 5-1-2 所示。另一种是点击快速访问工具栏里的"新建"，或者选择文件菜单中的"新建"，弹出新建文件窗口，如图 5-1-3 所示。

图 5-1-2　欢迎界面

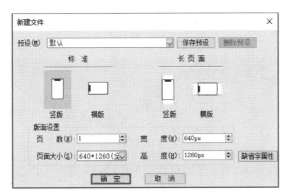

图 5-1-3　新建文件

飞翔提供两种页面模式，即标准页面模式和长页面模式，标准页面模式的意思是，作品以翻页或页面跳转的方式进行文档的预览，适用于大多数数字出版物；长页面模式也是目前在新媒体行业中比较流行的一种作品形式，选择长页面模式制作作品，最终读者可以以手指滑动的形式浏览所有场景，无须进行翻页或页面跳转。根据作品的最终呈现方式，可以选择标准页面模式或长页面模式，最终在移动终端上进行浏览。页面大小的下拉菜单提供了常见的终端设备对应的屏幕大小，可以选择预置的选项，也可以自定义屏幕大小。点击缺省字属性，弹出高级窗口，可以在其中设置缺省字的属性信息，点击确定就建立了一个新的页面。

第二节 ∥ 文字编辑处理入门

飞翔提供了专业的文字编辑排版功能，能够在完成创意动画、交互的同时，满足新闻出版单位对中文排版的规范要求。

一 ∥ 录入文字

录入文字的方式为，选择 T 工具，在版面上划出一个文字块，直接录入内容。也可以根据版面设计需要，通过插入选项卡插入竖排文字块。

飞翔也支持沿图形轮廓录入文字。

如果想沿着椭圆形的轮廓录入文字，则需要使用沿线排版工具，直接到图元上输入文字，即可形成沿线排版效果。有两个方法可生成沿线排版：第一种是选中图元（可以是封闭的，也可以是曲线），在工具箱中选择"沿线排版"，光标移到图元上，当鼠标标识变成 ⊥ 形状时，点击图元即可形成沿线排版，录入文字即可；第二种是选中图元，选择对象选项卡中"高级"下拉菜单中的"沿线排版→转沿线排版"，即可生成沿线排版，录入文字即可，如图 5-2-1 所示。

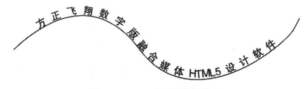

图 5-2-1 沿线排版效果

如果想要调整沿线排版的位置，可以选中沿线排版图元，当文字区域出现首尾标记时，按住鼠标并拖动首尾标记，即可改变首尾位置。

选中沿线排版对象，选择对象选项卡"高级"下拉菜单中的"沿线排版→编辑沿线排版"，弹出"沿线排版"对话框，即可设置沿线排版的类型、字号渐变及颜色渐变效果等，如图 5-2-2 所示。

二 ∥ 文本内容的编辑操作

（一）文字格式设置

当我们在飞翔的版面中插入了一个文字块，并录入了一段文字后，可以通过编辑

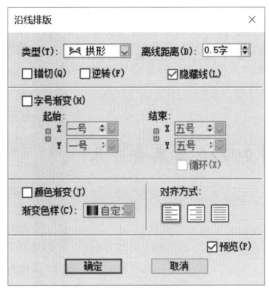

图 5-2-2 编辑沿线排版

选项卡调整文字内容的格式，包括字体、字号、文字颜色、底纹颜色、加粗、倾斜、划线与着重点、上下标、字距行距、标点类型等，如图 5-2-3 所示。

图 5-2-3 编辑选项卡

　　由于 H5 标准对于标点符号的排版处理是开放的、面向世界各国文字的，所以并没有兼顾所有的中文排版规范，默认设置的标点类型是"全身"风格，即全角风格，一般用于文科类书籍排版，所有中文标点都占 1 个汉字的宽度，英文标点以及两个标点相连时呈半角效果，与 H5 标准基本一致。若我们想使用其他标点风格，推荐在发布之前将文字块通过"互动→转图像块"的操作保留排版效果。

　　我们在飞翔中设置字体时，可以选用方正字加工具。方正字加提供了海量方正字库字体和方正代理的海外字库品牌的西文字体，我们能够在工具中筛选想要的字体风格，通过内容预览找到适合版面的字体，一键下载并应用到飞翔的版面中（图 5-2-4）。

（二）段落格式设置

　　选中整段内容或者文字块，通过编辑选项卡的对应按钮，可以设置基本的段落属性：段首缩进、段首悬挂、段首大字的个数和行数、段落对齐方式、段落左缩进、段落右缩进、段纵向调整及纵向对齐方式。

　　飞翔和我们熟悉的 Word 一样提供居左、居中、居右、端齐居左四种对齐方式，一般段落内容我们使用端齐居左的方式，标题内容根据版式设计选择居左、居中或居右。

图 5-2-4　方正字加工工具配合飞翔使用

同时，还提供正向横排、正向竖排、反向竖排三种段落排版方向。正向横排是我们最常见的中文排版方向，文字阅读顺序为横向从左至右；正向竖排是中文古籍书常见的排版形式，文字阅读顺序为纵向从右至左；反向竖排顾名思义和正向竖排阅读顺序相反，可以根据版式设计效果选择设置。

三　文字块基本操作

（一）边框和控制点

选择选取工具，点击文字块，即出现文字块的边框线和控制点。如果看不到边框，则可勾选视图选项卡中的"对象边框"。文字块的每边都有几个空心小方块，称为控制点。将光标置于控制点上，变成双箭头时，则表示可以对文字块进行改变形状大小等操作。

（二）续排标记

文字块边框上的红色十字标记田称为续排标记，表示文字块太小排不下内容。遇到这种情况时，我们需要调整文字块大小，或将文字块转为滚动内容互动效果。

（三）字数显示

空文字块上会显示文字块可排字数。当文字块有续排内容时，将显示剩余文字数。

如果需要取消字数显示，可以选择"文件"菜单中的"工作环境设置→偏好设置→文本"，取消"显示文字块可排字数"和"显示剩余文字数"即可。

（四）框适应文

当文字块中的文字没有占满整个文字块区域时，可以通过按住 Shift＋双击鼠标调整文字块边框大小。此外，用户也可以在选中文字块后，选择对象选项卡中的"高级→图框适应→框适应图"来执行操作，如图 5-2-5 所示。

图 5-2-5　框适应文的调整

若文字框小于文字区域，也可以用按住 Shift＋双击文字块来执行适应操作，纵向展开文字块，如图 5-2-6 所示。

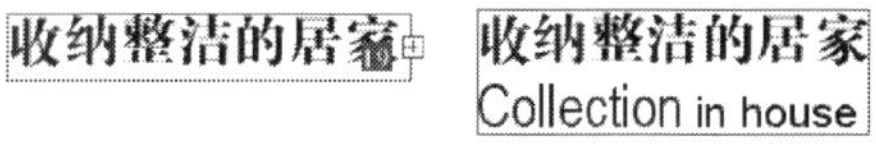

图 5-2-6　纵向展开文字块

按住 Ctrl＋Alt 键，双击文字块，可将文字块横向展开，以尽量将块内文字排在一行内。文字块展开的最大宽度同版心宽。该方法常用于将一段折行的文字调整为不折行，如图 5-2-7 所示。

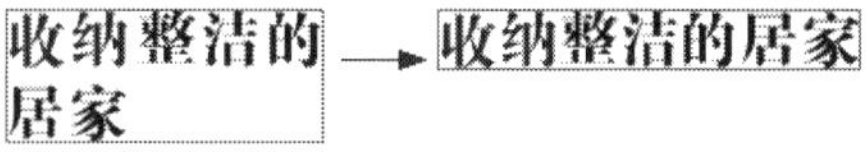

图 5-2-7　横向展开文字块

用选取工具选择文字块，点击"设计→文字打散"可以将文字块自动拆分成单字文字块，打散后我们能够制作文字逐个出现的动画效果。

第三节 ‖ 图像编辑处理入门

图像是 H5 作品中的重要组成部分，飞翔支持排入多种类型的图片。本节概述了在飞翔中排入图片、通过不同工具绘制图形、图形的进一步编辑等内容。

一 ‖ 排入图片

飞翔支持排入多种类型的图片，如 JPG、PNG、GIF 等。下面我们主要以 PNG 格式为例，进行排入图片操作的介绍。

选择插入选项卡中的"图片"按钮，弹出"排入图片"窗口。选中需要排入的图片。可以按住 Ctrl 键或 Shift 键选取多个图片，一次性排入版面。点击确定即可进入排入图片状态。光标变为图片的缩略图，可以通过以下两种方法将图片排入版面：一是在版面的合适位置点击光标，即可按原图大小排入图片；二是拖画鼠标，将图片排入指定区域。按住鼠标左键，鼠标在版面拖画，则可以按照拖画区域等比例排入图片。需要注意的是，在画框排入图片时，所有的图片都会被等比例排入。在

图像排入

排入多图片时，会显示有几张图片，以及当前需要排入的图片的缩略图。点击或者画框，能将显示的缩略图排入。

如果想将剩余的图片一次排入，则按住 Ctrl 键，点击鼠标可将图片以原图大小排入；按住 Ctrl 键画框，可将所有图片等比例排入。

三 // 插入背景

我们在第一章"H5 技术常识"中讲过，为了让不同的设备都能显示完整的版面内容，我们提供了不同的适配效果，但还是可能出现留白的现象，为了避免这种现象，我们可以在主页中插入背景。

将左侧的页面视图面板切换到主页视图面板，我们可以看到插入选项卡中多出了一个"背景"功能按钮，点击按钮，可以选择一种颜色或一张图片作为该主页的背景，这个背景不会遵循我们设置的 H5 适配效果，而是直接铺满我们浏览 H5 作品时所使用的浏览器背景，这样当我们选择的适配方式是自动适配时，作品既不会出现留白，也保证不同屏幕尺寸的设备都能完整地显示版面内容。

对于图片来说，铺满背景的方式有两种，分别是等比缩放和平铺。等比缩放只会显示一张背景图，图片会根据屏幕宽高自动等比例缩放，撑满屏幕，超出的上下两侧或左右两侧会在画面外；平铺有可能会显示多张背景图，图像将按照自身大小从左至右、从上至下的在画面上排列显示。

三 // 绘制图形

（一）绘制图形

通过工具箱中的工具，可以绘制直线、矩形、菱形、多边形、椭圆等图形。

在左侧选中绘制工具，进入绘制状态，将光标移到版面上待绘制图形的左上角位置，并按住鼠标左键不放，拖动鼠标到图形的右下角，释放鼠标左键即可完成绘制。按住 Shift 键，可绘制对应的正图形，如正方形、圆形等。双击多边形，弹出多边形设置窗口，可以设

绘制图形

置"边数"和"内插角",如图5-3-1所示。

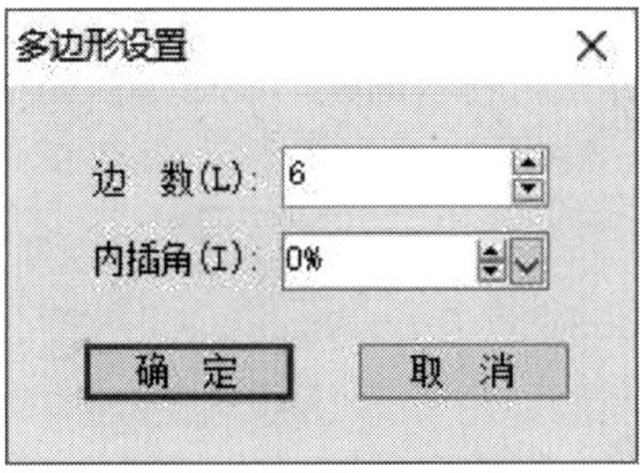

多边形设置 ✕

边　数(L): 6

内插角(I): 0%

确　定　　　取　消

图5-3-1　多边形设置

(二) 钢笔工具

使用钢笔工具可以绘制贝塞尔曲线或折线。钢笔工具还提供了续绘功能,可以在已有的曲线或折线的端点处接着绘制。使用续绘功能,也可以连接两条非封闭的曲线或折线。

绘制前,有几个需要掌握的技巧:绘制过程中按 Esc 键可以删除上一个节点。绘制过程中按住 Ctrl 键,点击当前节点,可以取消当前节点一侧的切线;再按住 Shift 键,可以绘制水平/垂直/45 度角的直线。

双击钢笔工具,弹出钢笔工具设置提示框,可以设置"橡皮条"和"自动添加删除"。使用"橡皮条"钢笔工具时,鼠标在移动过程中会带有连接线,从而可以绘制可变曲线段。"自动添加删除"表示绘制过程中点击前一个节点可以删除该节点;也可以在非节点处增加新节点。

1. 绘制折线

依次在版面上点击鼠标,即可在各节点之间形成折线。使用钢笔工具点击版面,设置第一个点;松开鼠标左键,移动到第二个位置点击,即可在两点之间形成直线;松开鼠标左键,点击到第三个点,即可绘制连续直线,与上一条线形成折线。

2. 绘制贝塞尔曲线

使用钢笔工具可以绘制贝塞尔曲线,并可以调整曲线的弧度和方向。使用钢笔工具点击版面,并按住鼠标左键,拖动鼠标,即可设置第一个点;松开鼠标左键,到第二个点按下鼠标左键,同时在版面上拖动,调整切线的方向及长短,即可调整曲线的弧度,如图5-3-2所示。

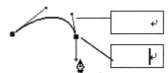

图5-3-2　在两个节点间绘制曲线

松开鼠标左键，到第三个点按上述方法拖动鼠标即可绘制连续曲线，如图 5-3-3 所示。绘制过程中按 Ctrl 键可以将光滑节点变为尖锐节点。尖锐节点表示调整切线时仅调整节点一边的曲线；光滑节点表示调整切线时节点两边的曲线同时调整。

图 5-3-3　绘制三个以上节点的曲线

双击鼠标左键或点击鼠标右键即可结束绘制。绘制过程中，若发现位置不理想，按 Esc 键可以取消当前节点，继续按 Esc 键可依次取消前面所画的节点。也可以将光标放在需要删除的节点上，当光标变为 🖋_ 时，点击鼠标左键删除节点。

3. 续绘

钢笔工具能续绘非封闭贝塞尔曲线/折线。将钢笔工具置于曲线或折线的端点上，光标变为🖋+，点击节点可以继续绘制曲线。利用续绘功能可以连接两条非封闭的曲线或折线。如果两个非封闭的曲线带有不同的属性，则以最后一个被连接的曲线的属性为准。

通过图形工具和钢笔工具绘制好的图形，不仅可以作为版面上的图形对象，还可以作为动画的路径。

（三）图形编辑

1. 使用穿透工具

飞翔提供穿透工具，用于编辑图元、图像、文字块等对象的边框或节点；也用于选中组合对象里的单个对象，还可以单独选中图像。

穿透工具移到图形上，当光标显示为🔾时，表示穿透工具可以对节点进行操作；当光标显示为🔾~时，表示穿透工具可以对线段进行操作；当光标显示为🔾+时，表示穿透工具可以移动图形对象。

用穿透工具点击要修改的贝塞尔曲线，将显示出该曲线的节点。用穿透工具选中节点即可拖动节点；点击节点之间的曲线，即可拖动曲线；点击切线，拖动切线两端的把柄，即可调整切线方向和曲线弧度。在拖动节点、曲线和切线的过程中，按住 Shift 键，则可拖动节点、曲线和切线沿垂直、水平或 45 度角方向移动。选中曲线或节点，在右键菜单里可以进一步编辑贝塞尔曲线。下面分别介绍各种功能。

（1）增加节点和删除节点。

使用穿透工具选中曲线，在右键菜单里选择"增加"即可在选中的曲线上增加节点；使用穿透工具选中节点，选择"删除"即可删除选中的节点。

（2）光滑节点和尖锐节点。

使用穿透工具选中节点，选择"尖锐"或"光滑"，即可将节点转化为尖锐或光滑节点。调整切线时，光滑节点两侧曲线同时变动，切向量保持在一条直线上；尖锐节点两侧曲线仅有一侧的曲线发生变动，该侧曲线的切向量独立变化，尖锐节点显示为红色。

（3）比例和对称。

使用穿透工具选中节点，选择"比例"或"对称"，即可将节点转化为比例节点或对称节点。对称是指控制点两侧切向量反向但长度相同。比例是指该控制点两侧切向量反向且长度保持原有比例。

（4）变直或变曲。

使用穿透工具选中一段曲线，选择"变直"即可将选中曲线变为直线。使用穿透工具选中一段直线，选择"变曲"即可将选中直线变为曲线，拖动曲线上的切线，即可调整曲线弧度。

（5）断开或闭合曲线。

在闭合贝塞尔曲线上的任一处点击右键选择"断开"，将在该处断开该曲线。在非闭合贝塞尔曲线的任意处点击右键选择"闭合"，可以将该曲线闭合。

2. 选中成组对象里的单个对象

使用穿透工具可以选中成组对象、弹出内容里的单个对象。选中单个对象后，拖动对象中心点，可以移动单个对象。选中对象后切换到选取工具，还可以调整对象大小。飞翔图像带有边框，使用穿透工具可以单独选中图像，调整图像在边框内的显示区域。

3. 删除节点工具

除了可以使用穿透工具删除节点外，飞翔也提供删除节点工具，用于同时选中和删除多个节点。选择删除节点工具，点击图元或图像，使图元或图像呈选中状态，然后就可以使用以下几种方法删除节点：第一种方法是，使用删除节点工具点击图元或图像的节点，即可删除该节点；第二种方法是，使用删除节点工具在版面上拖划出矩形区域，即可选中区域内的所有节点，按 Del 键删除节点；第三种方法是，使用删除节点工具点击图元或图像的一条边框，即可删除边框上所有的节点，同时删除了边框。

▨ 图像操作

（一）图像基本操作

1. 调整图像大小

图像带有边框，可以将图像和边框作为一个整体调整大小，也可以单独调整边框内图像的大小。

2. 整体调整图像大小

使用选取工具选中图像，将光标置于控制点上，拖动即可调整图像大小，按住Shift键可等比例调整。

3. 调整图像内容大小

使用穿透工具选中图像内容，将穿透工具置于节点上，按下鼠标左键拖动，即可调整图像内容大小。此时，也可以切换到选取工具，将选取工具置于图像内容控制点，拖动即可。

除了上述说的使用工具直接调整外，也可以在选择对象后，通过对象选项卡的宽高设置精准的调整大小。

（二）图像显示操作

1. 显示精度

飞翔提供选择图像显示精度分级的功能，以便设计者在图像的显示效果和显示速度之间做取舍。精度越高，显示越清晰，但显示速度较慢。

在视图选项卡中的"显示精度"下拉菜单中选择"粗略""一般""精细"，文档中所有的图像即可，按选择的精度进行显示。选中图像，在右键中的图像显示精度菜单可以单独修改图像的显示精度。

这里的精度与最终完成发布的作品精度无关，只是选择软件中图像显示的精度，当内容较多时，适当降低图像显示精度可使软件运行更流畅。

2. 不显示图像

点击视图选项卡中的"不显示图像"按钮，可使文档中所有图像只显示图像的轮廓和对应的文件名。右键可以单独修改为不显示图像。

3. 图框适应

图框适应的作用是使图像与边框匹配。使用选取工具选中图像，通过对象选项卡中的"高级→图框适应"菜单，可选择"图居中""框适应图""图适应框"或"图按最小边适应"。

（三）图像裁剪操作

1. 用选取工具裁剪图像

按住Ctrl键，使用选取工具拖动图像控制点进行裁图，即可拉伸边框，此时框内图像的大小不变，只改变图像显示区域。此方法常用于文字流内的图像和独立图像的裁图。

2. 用图像裁剪工具裁剪图像

图像裁剪

从工具箱里选取图像裁剪工具，点击图像，拖动图像边框控制点，即可裁剪图像。也可以移动图像内容在图像显示区域的位置。不能裁文字流内的图像。

3. 使用穿透工具裁剪图像

利用穿透工具，点击图像，即可单独选中图像内容。拖动图像即可调整图像在框内的位置，超出图框的部分会被裁掉。穿透工具还可以编辑图像边框，如移动边框，进行各种曲线调整操作等。

4. 按图形外框形状裁剪图像

飞翔拥有按图形外框形状裁剪图像的功能。用选取工具选中图元或文字块，点击设计选项卡中的"转裁剪路径"按钮，将图元或文字块设置为裁剪路径，将需要裁剪的图像与裁剪路径重叠放置，选中图像与裁剪路径，进行成组即可完成裁剪。

使用穿透工具选中图像，即可移动图像，调整图像在边框内的显示区域。

（四）图像管理

通过图像管理窗口可以查看图像状态，如图 5 - 3 - 4 所示。

图 5 - 3 - 4　图像管理

当版面上缺图或更新图像时，将自动弹出图像管理窗口，显示缺图或已更新。选择右侧浮动面板列表中的"图像管理"，弹出图像管理浮动面板，即可查看图像的状态、文件名、页面、格式和颜色空间。点击各个标签可以按所点击的标签将图像重新排列，也可以进行一系列关于图像的操作，这里不再一一赘述。

第四节 ∥ 对象操作与美工处理

除了文字与图像的基础操作和处理以外，如果想进行数字出版物的平面稿排版，还需要学习一些关于对象操作和美工处理的基础知识，这样可以更好地利用飞翔的图文处理功能，进行数字出版物平面稿的编排与设计。

一 ∥ 对象基本操作

（一）选中对象

要对对象进行各种操作，首先必须选中要操作的对象。用工具箱中的选取工具，点击要选择的对象，显示对象控制点（对象周围的 8 个点），此时对象呈选中状态。

用选取工具选中一个对象，然后按住 Shift 键，同时点击其他对象，就可以选中多个对象了。同样，如果已经选中了多个对象，按住 Shift 再点击每个对象，选中的对象即被逐一放弃。还有一种方法是用选取工具按住鼠标左键拖动，飞翔版面上即可出现一个虚线框，凡处于虚线框内的对象都会被选中。

（二）编辑对象

1. 原位粘贴

选中对象，选择 Ctrl＋X 剪切后，执行 Ctrl＋V 粘贴，即可在原位粘贴对象。如果想进行非原位粘贴，则可以利用右键菜单中的粘贴，点击哪里则将对象粘贴到哪里。

2. 对象的大小

用选取工具点击要改变大小的对象，光标移动到控制点上后会呈双箭头形状，此时按住鼠标左键拖动，当达到所要求的大小时释放鼠标左键，即完成了大小调整。

按住 Shift 键拖动对象控制点，则可以进行等比例缩放；按住 Ctrl 键拖动控制点，则可以以正方形或正多边形进行缩放。

对文字块进行等比例缩放时，必须先按住控制点，再按住 Shift 键，然后拖动鼠标进行缩放。

3. 对象的倾斜、旋转和变倍

使用工具箱中的旋转变倍工具点击两次需要选中的对象，便会出现倾斜、旋转控制点。将倾斜控制点拖动到所要求的角度，释放鼠标左键，可以完成倾斜操作；拖动旋转原点，可以改变旋转原点的位置，拖动旋转控制点到所要求的角度，释放鼠标左键，使用对象选项卡下的旋转、倾斜编辑框，也可以通过输入数值进行控制。

变倍是指对象任意缩放，通过鼠标可以非常方便地实现对象的变倍操作。使用工具箱中的旋转变倍工具，点击一个要改变大小的对象，对象上会出现实心控制点。变倍控制点在左上角、右上角、左下角与右下角。向缩放方向拖动变倍控制点，当达到所要求的变倍比率时，释放鼠标即可完成操作。

4. 对象的捕捉操作

捕捉是指在对象移动或缩放时，捕捉某些标识（如提示线），使对象自动吸附并贴靠某个标识。使用捕捉可以方便地对对象进行准确定位。具体方法是，单击对象选项卡中的"捕捉"，可以设置捕捉与取消捕捉，当对象靠近提示线、页边框、版心框时，自动进行贴齐。

智能捕捉是指在绘制对象和移动对象时，捕捉对象的中心线、边缘线，对象的尺寸和间隔，版心的中心线，以及版面的中心线。智能捕捉有助于快速制作对齐对象、等大小或等间隔的对象。通过视图选项卡中的"智能参考线"下拉菜单，可以选择参与捕捉的智能参考线：对齐对象中心线、对齐对象边缘线、对齐页面中心线、对齐版心中心线、智能尺寸、智能间距。默认全部勾选，如果哪项不勾选，就表示不参与对齐捕捉。

5. 对象管理及层级关系

在右侧的浮动面板列表中，有一个名为"对象管理"面板，打开这个面板能够看到当前页面中的所有对象，并按照当前各个对象的层级顺序显示，默认按照图片对象名称、图元文字块顺序、互动对象顺序命名，双击可以自定义对象名称，方便后续查找定位对象（图5-4-1）。

图5-4-1 对象管理浮动面板

版面中的对象存在层级关系，处于靠下层级的对象，无论是视觉上还是互动操作上，都会被它上层的对象遮挡，我们可以通过对象选项卡或对象管理面板上的层级调整按钮调整对象所在的层级。另外如果我们想让上层的图片、图元对象仅是在视觉上遮挡下层对象，实际上仍可对下层对象进行互动操作，可以将上层对象设置为"可穿透"。

通过对象管理面板还可以设置对象在飞翔编辑版面中是否可见、是否锁定，在 H5 作品发布后用户看到的页面中是否可见，以及选择删除对象。

6. 对象的成组与锁定

在飞翔中，可以将几个对象组成一组，将该组对象作为一个整体进行操作。这样可以实现对多个对象同时进行操作等功能。操作完成后，如果需要，还可以用解组操作把成组对象分离。成组和解组的方法是：选中需要成组的多个对象，单击对象选项卡中的"成组"按钮或者按 F4，可以将选中的多个对象成组。选中成组对象，单击对象选项卡中的"解组"按钮或者按 Shift＋F4，可以将成组对象分离。需要注意的是，可以分阶段成组，对于分阶段成组的块，解组也同样是需要一步步操作的。

可以选中成组对象中的某个对象进行操作，选中方式有两种，一种是使用穿透工具，点击成组对象中的单个对象；另一种是使用选取工具，双击成组对象中的单个对象。

通过锁定，可以把一个或者多个对象固定在版面上，以确保已经编辑好的对象形状或位置不被修改。锁定的方法是：选中准备锁定的对象，点击对象选项卡中的"锁定"按钮或按 F3，可将对象进行普通锁定，即仅锁定对象的位置和形状。对象的属性可以编辑，例如设置图元的线型或底纹，增加或删除文字，设置文字的属性，复制、粘贴对象等，但不能剪切对象。

解锁的方法是，选中锁定的对象，点击对象选项卡中的"解锁"或按 Shift＋F3，即可将锁定的对象解锁。

三 ∥ 颜色面板

在飞翔里，可以通过颜色浮动面板或选项卡（图 5-4-2），为文字、边框或底纹设置颜色。也可以将颜色保存为色样，供以后使用。按 F6，或在右侧浮动面板中点击"颜色"，弹出颜色浮动面板；点击面板顶端的扩展按钮，面板下面会扩展一个颜色面板的区域。

图 5-4-2　单色

（一）RGB 颜色模式

由于制作的数字出版物是用于屏幕显示的，因此可以使用 RGB 模型定义颜色。R 代表红色，G 代表绿色，B 代表蓝色。三种颜色相叠加形成了其他的颜色。

（二）存为色样

颜色面板里的颜色只对当前选中的对象有效，如果想要经常使用某种颜色设置，可以将该颜色定义为色样，以后使用时直接在"色样"面板中调用即可，不必重复设置。

（三）为对象着色

选中对象，在面板中选择是边框、底纹或文字，然后设置颜色即可完成着色。

（四）颜色吸管

飞翔提供的颜色吸管工具，可以吸取图像及图元上的颜色，并将其应用于文字或文字块底色、图形边框和底纹、单元格底色。选取颜色吸管，将光标移动到图像上需要吸取颜色的地方，点击鼠标左键吸取颜色；将吸取了颜色的吸管点击至需要着色的图元，或者拖黑需要着色的文字，即可着色。也可以将颜色吸管吸取的颜色存为色样，方便后续使用。

三 设计操作

（一）文字的设计效果

选中文字，可以设计文字的艺术字、装饰字、文裁底、文字块裁剪图像、文字转曲、文字打散等效果。

文字的美工设计

1. 艺术字

艺术字列出了立体、勾边、空心等多种效果，选择设计选项卡中的"艺术字"下面的艺术字效果，可以直接应用效果，也可以"自定义艺术字"。

2. 装饰字

装饰字列出了米字格、田字格、心形等多种效果，选择设计选项卡中的"装饰字"下面的装饰字效果，可以直接应用效果，也可以"自定义装饰字"。

3. 文裁底

文裁底是指用文字裁剪文字块底纹或背景图，实现文字的特殊效果。文裁底的操作方法是，选择设计选项卡中的"图像填充"，给文字块加背景图；选择设计选项卡中的"文裁底"，则可以对文字块中的文字对底纹或背景图片进行裁剪，如图 5-4-3 所示。

图 5-4-3　文裁底

这里需要注意的是，文裁底前，不宜执行"框适应文"的操作，否则执行文裁底后，部分英文字母或符号不能被裁到。用户可以执行文裁底后，再执行"框适应文"的操作。按住 Shift 双击鼠标左键可实现框适应文。

4. 文字块裁剪图像

文字块可以作为裁剪路径，用其中的文字来裁剪其他块，以实现某些特殊效果。方正飞翔中的文字块和图元块都能设置裁剪路径。将文字块移动与图像重叠，选中文字块，单击设计选项卡中的"转裁剪路径"按钮，可以将文字块设置成裁剪属性。同时选中文字块与图像，按 F4 成组，图像则会被文字块裁剪，如图 5-4-4 所示。

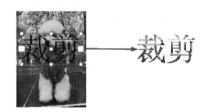

图 5-4-4　文字块裁剪图像

使用穿透工具，点击文字，可以选中被裁剪的图像，移动图像的位置，从而调整裁剪区域。

5. 文字转曲

通过文字转曲功能，可将文字转为图元，从而设置各种图形效果。选中文字块，单击设计选项卡中的"文字转曲"按钮，可将文字转为曲线块，使用穿透工具可以对曲线块进行编辑，如图 5-4-5 所示。

图 5-4-5　文字转曲

6. 文字打散

文字打散是指将文字块里的每个字分割为一个小文字块，从而方便后续的效果设置，常用在制作标题字或者特效字之前，以快速将文字分离出来。使用选取工具选中文字块，单击设计选项卡中的"文字打散"按钮，即可将文字打散。打散后的文字保留原来的字体字号、颜色等文字属性。

（二）转裁剪路径

除了文字块外，图元也可以设置为剪裁路径，使用方式与为文字块设置剪裁路径的方式一样，通过这种方式可以实现异型的裁切。

（三）图像填充

选中文字块或图元，点击设计选项卡中的"图像填充"，可以选择一张图像作为选中对象块的背景，图像在块中可以按照居中、拉伸、平铺、等比缩放四种方式显示。可以通过图像填充制作按钮模板、修改文字内容、创建多个按钮，如图5-4-6所示。

图5-4-6　通过图像填充制作按钮

（四）阴影、透明

选中对象，在设计选项卡中，可以设置阴影和透明效果。在功能的下拉菜单中可以选择预设的效果进行应用，也可以自定义效果。

（五）启动图像编辑器

图像编辑器可方便用户直接从飞翔激活第三方图像处理软件，修改版面上的图像，修改结果将自动更新到版面上。

选中一幅图像，点击设计选项卡中的"图像编辑"按钮，弹出选择图像编辑器窗口，即可选择一个图像处理软件；也可以在图像管理中选择图像，在右键菜单中选择"启动图像编辑器"。

如果选择"始终用该程序打开"，以后则不再弹出图像编辑器窗口，而是始终用同一个图像处理软件打开图像。通过使用偏好也可以设置该选项，选择"文件"菜单中的"工作环境设置→偏好设置→图像"，选中"始终用同一应用程序编辑图像"即可。点击确定即可启动图像处理软件，并将图像文件开启在当前窗口。

文档的打包、输出与发布

在数字作品完成后，一般会进行文档的输出和发布，以便进行后续数字出版物的运营。另外，为了防止素材丢失，打包的操作也是必不可少的，打包会将数字出版物使用的素材全部存放在一个文件夹中，这样可以确保留存数字出版物的相应内容，以便存档或复用。在本节中，我们会对这些操作进行详细介绍。

一、文档打包

打包操作，是指预飞结果无误、版面定稿后，将文档中的所有静态和动态对象、飞翔互动文档或工程文件存放在一个文件夹中。这种操作为文档留存、复用、拷贝提供了方便，可以保证之后或在其他机器上也能正常打开该文档，不缺少任何信息。打包操作分为文档打包和工程打包。

文档打包指的是对当前正在打开的文档打包。选择"文件"菜单中的"打包"，弹出打包窗口，点击"打包"即可生成一个文件夹，如图5-5-1所示。

图5-5-1 文档打包

方正飞翔数字版可以另存为和打开自带资源文件的打包文件（.fxpkg），方便传递，不丢资源。点击"文件→另存为"选择另存为窗口中下拉列表的fxpkg文件，即可将文件打包，如图5-5-2所示。

打开文件时，也可以选择下拉列表文件类型中的打包文件（.fxpkg），直接将打包文件打开。在这种文件类型下，素材如果有删减或增加，文件也会同步更新。

图 5-5-2 另存为打包文件（.fxpkg）

▐3▐ 文档输出

文档输出是使用飞翔制作 H5 流程的最后一道工序，可以输出一个完整的文档，飞翔提供交互式 ePub 和用于校稿的 PDF 文档输出。

（一）输出 ePub

飞翔提供了输出交互式 ePub 功能，输出的 ePub 文件符合 ePub 3.0 的技术规范。进行 ePub 输出的方法是，选择"文件"菜单中的"文档输出"，弹出输出窗口，选择"文件类型"为 ePub。

这里对"固定版式布局"进行一个说明：固定版式布局是一种原版原式的输出，输出的 ePub 与飞翔版式一样。另外还有一种 ePub 是流式布局，即按照版面的阅读顺序输出内容，将输出的 ePub 导入阅读器后，可以根据横、竖版及设备尺寸自动进行调整，字的大小也可以进行调整，我们在手机上通过各大阅读平台看到的电子书就是这种格式。通过飞翔制作的内容主要以版式交互为主，因此没有提供流式布局的输出模式。

点击"高级"按钮，可弹出设置输出 ePub 参数窗口，设置更多的参数信息，如图5-5-3所示。

（二）输出交互式 PDF

飞翔还支持输出交互式 PDF 文件，可以用来浏览，不能用于出版物的印刷。

输出 PDF 的具体操作是，选择"文件"菜单中的"文档输出"，弹出输出窗口，选择"文件类型"为"交互 PDF"。点击"高级"，可以设置输出 PDF 的其他参数。设

图 5 - 5 - 3　设置输出 ePub 参数

置完成后，点击确定，即可输出 PDF 文件。

三 ‖ H5 作品发布

新媒体时代，人们对内容的传播速度、交互性、阅读体验要求更高，为了更好地适应这种趋势，飞翔提供了 H5 作品的云端发布服务。使用飞翔制作的 HTML 格式的页面，符合 H5 技术规范，适配不同终端，能够快速进行分享传播，并且有丰富的互动效果。

在飞翔中制作好相应的互动文档后，可通过右侧浮动面板列表中的"发布设置"浮动面板，进行作品标题、封面、翻页效果、适配方式等参数的设置。完成设置后可先在本地进行作品预览，预览时将通过本地浏览器打开作品，并模拟在目前市面主流屏幕配置中，使用微信浏览作品的效果，方便制造者调整作品版式设计和互动效果，如图 5 - 5 - 4 所示。

确认无误后，点击"上传同步"，即可发布 H5 作品。

飞翔在提供 H5 作品互动效果制作的同时，还提供 H5 作品发布的 H5 云服务，用户同步到云端的作品，将显示在飞翔 H5 云服务平台的作品管理中心中。在作品管理中心中可以编辑作品的微信分享信息，通过扫描二维码或复制链接在手机上预览作品，以及进行正式的发布上线。

对于 H5 作品制作的注意事项、预览、正式发布，以及运营的具体操作，请见第七章"H5 作品的测试、发布与运营"。

图 5-5-4　作品发布设置与作品本地预览

【思考题】

　　尝试用表格的形式总结一下方正飞翔数字版各个工作区的主要功能，以及这些功能的使用场景。

第六章

H5 作品的交互设计
与互动效果制作

【学习要点】

1. 掌握 H5 作品中交互设计的总体原则。
2. 了解 H5 作品中的不同交互类型及其分类。
3. 掌握使用方正飞翔数字版制作不同类型互动效果的方法。

第一节 交互设计原则与方法

20 世纪七八十年代之交，旧金山湾区一群敬业而有远见的研究员、工程师和设计师正在忙于发明未来人们与电脑交互的方式。从施乐帕克研究中心（Xerox PARC）到斯坦福国际研究院（SRI），最后到苹果电脑公司，人们开始讨论，为数字产品创造出可用、易用的"人性化界面"到底意味着什么。20 世纪 80 年代中期，两位工业设计师比尔·莫格里奇（Bill Moggridge）和比尔·韦普朗克（Bill Verplank）着手设计了第一台笔记本电脑 GRiD Compass。他们为自己所做的工作创造了"交互设计"一词。

尽管交互设计常常被看作一门新兴的设计学科，但实际上人类社会已经有着很长时间的交互设计历史。作为一门从人机交互（Human Computer Interaction）领域中发展而来的新型学科，交互设计具有十分典型的跨学科特征，涉及计算机科学、计算机工程学、信息学、美学、心理学与社会学等。

所谓交互设计，是指在人与产品、服务及系统之间创建一系列对话，更偏向于技术性的设定与实现过程。世界交互设计协会第一任主席雷曼（Reimann）对交互设计做出了如下定义："交互设计是定义人工制品（设计客体）、环境和系统的行为的设计。"

从技术层面来看，交互设计涉及计算机工程学、语言编程、信息设备、信息架构学。从用户层面来看，交互设计涉及人类行为学、人因学、心理学。从设计层面来看，交互设计还涉及工业设计、界面表现、产品语意及传达。

对于 H5 交互设计，在合理选择了 H5 制作工具、辅助工具、设计工具后，我们需要重点思考的，是用户使用你的 H5 作品时的体验，因此需要结合用户心理、操作习惯、视觉感受来做整体考量。

一 ‖ 状态可见原则

你的 H5 作品，应该清楚地让用户知道目前发生了什么事情，快速地让用户知道自己处于什么状态，是自动播放传递信息，还是需要用户通过一定的交互方式让你的 H5 继续进行下去。对于需要一定交互方式才能继续前进的页面，交互区域和交互方式的提示应该清晰可见，并在视觉上有所区分，如图 6-1-1 所示。

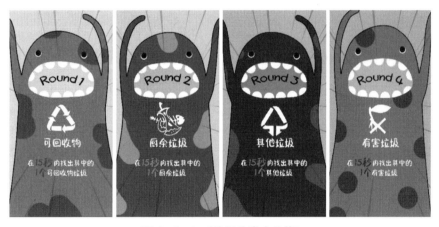

图 6-1-1　《垃圾分类大作战》

《垃圾分类大作战》中，在玩家每次进入小游戏环节之前，都会有一个游戏提示，帮助玩家弄清楚下一个游戏环节的任务目标，并且有时间让玩家做好进入游戏状态的准备，类似于游戏软件的"载入页面"。

在进行游戏时，页面上方有一个进度条（图 6-1-2），显示剩余游戏时间，它采用了经典"吃豆人"游戏的创意，帮助用户时刻知悉自己的游戏状态。

图 6-1-2　H5 案例《垃圾分类大作战》游戏环节中的进度条

三 环境贴切原则

H5交互设计应该结合用户的实际操作环境，如果能结合H5内容本身，把专业化的操作术语转化成用户更加容易理解的语言，就可以更好地加强H5作品的沉浸感，提升用户体验。

H5案例《万圣节奇妙之旅》（图6-1-3）右下角的按钮，用"免费入场"是不是比"点此进入"更有沉浸感呢？

图6-1-3 《万圣节奇妙之旅》

如图6-1-4所示，H5案例《垃圾分类大作战》中，对于略复杂的交互手势，用图形的方式表达，是不是比直接用文字描述"点击这里向上""从下往上滑动手指"更加清晰易懂？

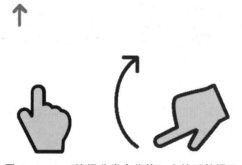

图6-1-4 《垃圾分类大作战》中的手势提示

三 一致性原则

H5交互设计的一致性，包括视觉和交互行为的一致性，无论是文案、版式、视觉风格还是交互组件的样式等，都应尽量保持一致。比如对于H5作品中的"下一页"按钮，如果多个页面在内容和呈现方式上属于同一类，那么"下一页"的按钮样式、字体、所处位置、色彩、大小等数据应当具有一致性。对于具有相同交互功能、前进至不同页面的多个交互组件，应尽量安排在一起，或按照一定的规律排列，帮助用户快速筛选出"哪些是可以操作的"。

对于选择题类 H5（图 6-1-5），不仅同一页面中各选项的字体、样式、色彩、大小应该保持一致，采用相同的游戏方式的不同页面，也应该保持统一。

同一页面中存在多个交互组件时，如果这些组件处于平级，那么它们的风格样式应该统一，并且排列方式要有一定规则，如 H5 案例《垃圾分类大作战》（图 6-1-6）中，通过点击四种不同的垃圾可以查看详细的垃圾分类及内容，这里的四个元素呈对称排列。

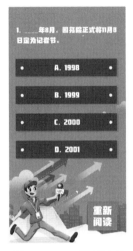

图 6-1-5　《记者日》

图 6-1-6　《垃圾分类大作战》

四　容错与及时反馈原则

对于一些 H5 小游戏，用户做出选择时，应该及时反馈是否正确，并通过一定的交互组件让用户可以重新进行游戏或选择其他选项。对于任务量较多的 H5，应该将任务进行分类，并及时反馈不同任务阶段用户的完成情况，切忌在全部任务结束后再给出一个整体的反馈，这样，用户会不清楚究竟是在哪个环节选错了，从而增加用户的记忆负担，降低用户体验。

《垃圾分类大作战》中一共有 4 种垃圾、4 个小关，每一关结束后都有提示（图 6-1-7）用户可以选择重新挑战小游戏，或进入下一关游戏，用户可以清楚地知道自己在哪一关选错了垃圾的类型。对于游戏类的 H5 来说，一定要制作返回与重新挑战的交互组件，任务量大的 H5 还需要考虑是否同时制作返回到前一关或是返回到第一关的交互组件。

图 6-1-7 《垃圾分类大作战》中每小关结束后的提示

第二节 # 互动效果的分类

H5 的互动效果种类繁多，实际上对 H5 互动效果的分类并没有统一的说法和分类标准，这里仅提供一种笔者认为比较明晰的、按照 H5 互动效果功能来源来分类的分类方式，即市面上 H5 的互动效果可以分为四类：基于融媒体展示的互动效果、基于触摸屏操作的互动效果、基于传感器的互动效果、基于数据交互的互动效果。

一 基于融媒体展示的互动效果

基于融媒体展示的互动效果，顾名思义，指的就是将图、文、声、像、动效等融媒体素材进行处理，利用不同手段展示这些素材。这一种类型的互动效果，也是市面上应用最多的，尤其是在内容生产领域，图文动画、音视频、虚拟现实是经常会用到的 H5 互动效果。

招商银行在其留学生信用卡广告 H5 中插入了一款与"番茄炒蛋"有关的视频（图 6-2-1），触及了大众的泪点。视频讲述了远在美国的儿子想给自己的外国朋友做"番茄炒蛋"，不懂得如何做的他只能打电话向国内的爸妈求助，而这时和美国相差 12 小时的国内已是深夜，已经睡下的爸妈被吵醒后没有生气，而是耐心细致地做了示范。虽然这个视频内容与 H5 的主题定位和营销内容不算非常一致，但通过在 H5 中融入这个能够引起人们共鸣的视频，这一作品收获了 793 万人次的访问量，并赢得逾 5 亿元价值的媒体曝光，招行的办卡申请量达平日的 3.8 倍。这则申请留学生信用卡的 H5 广告目前已经下线，但我们还可以通过回看这部视频来感受它当时给人们带来的感动。

之后，有很多单位致力于尝试基于融媒体展示的互动效果，制作出了非常惊艳的 H5 作品。例如，中央人民广播电台的这个名为《王小艺的朋友圈》的 H5（图 6-2-2）中，打开就是朋友圈的页面，仿真度可谓 100%，打开后主持人王小艺从新闻视频中跳

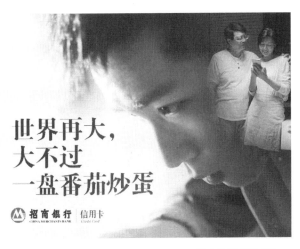

图 6 - 2 - 1　　"番茄炒蛋"H5

图 6 - 2 - 2　《王小艺的朋友圈》

出来，人与页面的互动着实令人惊艳。而这一系列效果，正是由相关的融媒体素材组成的。

　　随着 H5 技术的日渐成熟和发展，对虚拟现实技术的应用也成为 H5 作品制作的趋势之一，比如双十一前的天猫《穿越宇宙的邀请函》（图 6 - 2 - 3），使用的虚拟现实技术非常炫酷，画面的立体感很强，滑动拖拽可控制环视方向，可左可右可近可远，用户可以结合移动终端的重力感应和上下左右的触控滑动切换不同角度的画面。

图 6 - 2 - 3 《穿越宇宙的邀请函》

　　虚拟现实和增强现实技术能够为用户提供沉浸式阅读体验，但由于画面精度高、加载内容多，此类 H5 作品的体量相对较大，受限于浏览设备的性能、画面渲染速度、网络加载速度等问题，用户可能会遇到播放时画面卡顿、大量消耗流量等不好的体验，目前此类型的作品相对较少。然而，随着技术的发展，更强大的处理器以及 5G 网络会渐渐普及，这样的问题很快会随着技术更新而得到解决。2021 年 9 月 29 日，《2020—2021 中国元宇宙产业白皮书》启动会在北京成功举办，按照目前的技术发展速度，相信在不久的将来，基于融媒体展示的互动效果和更多的技术创意，将会以更高的质量涌现。

虚拟现实与增强现实

元宇宙

三 ||| 基于触摸屏操作的互动效果

　　基于触摸屏操作的互动效果，指的是用户和手机屏幕发生各种手势交互，使 H5 的互动发生改变。除了最常见的点击交互（现在已广泛应用在 H5 作品的转场和按钮中），还有很多不同的触摸屏操作方式，将它们搭配组合，能够产生更多的互动效果。

　　比如网易新闻哒哒的《里约大冒险》（图 6 - 2 - 4）会给予用户一定的指导，用户可以根据提示绘制小人、绳子、降落伞等形象。虽然这些形象的线条有些粗糙，运动起来时与背景的融合较差，但是因为是原创角色，所以用户对画面的包容性较强。

图 6 - 2 - 4　《里约大冒险》

连击交互主要被应用在游戏类 H5 中。连续点击屏幕的交互节奏感比较强，将点击次数与积分排名关联可增强竞技性，刺激分享，吸引更多人参与。这种单一的交互方式操作比较简单，所以还会搭配限时、限次等玩法。例如，网易新闻哒哒的《漫威电影十周年》（图 6 - 2 - 5）设计了一个"揍"灭霸的环节，用户需要猛点屏幕，在 10 秒时间内"揍"灭霸。10 秒结束后，用户可看到自己的连击次数和全网排名。

图 6 - 2 - 5　《漫威电影十周年》

三 ||| **基于传感器的互动效果**

基于传感器的互动效果，指的是依托移动终端和外界进行交互、收集外部信息的传感器所能实现的互动效果。比如我们手机上的麦克风、照相/摄像功能，或者 GPS 定位、重力感应，都属于传感器的范畴，可以从外部收集作者的声音、音频、视频或地理位置等信息。让我们一起来看几个例子。

2015 年，随着一部关于武媚娘的电视剧的播出，天天 P 图蹭了一波热点，发布了 H5《全民 COS 武媚娘》。这个 H5 使用的互动效果基于照相机这一传感器，用户可以在自拍后对照片进行上传，并将自己的照片用天天 P 图中的滤镜美化为戴着武媚娘头饰，并进行分享。"上传照片→美化→分享"，新增的"美化"环节让作品耳目一新，也让用户更有分享欲望。天天 P 图的《全民 COS 武媚娘》（图 6-2-6），让"晒照片"完成最终进化。也正是借助这个 H5，天天 P 图作为一个诞生半年、名不见经传的美图 APP，火速登上亚太区 APP 排行榜榜首。

图 6-2-6 《全民 COS 武媚娘》

相宜本草也尝试过制作基于传感器的互动 H5，其在中秋节推出的《乡音祝福》（图 6-2-7），搜集了来自全国各地网友的语音祝福，同时用户也可以录制一段自己的乡音祝福并进行分享。这个 H5 就是基于手机麦克风这一传感器，进行用户参与的 H5 内容制作与分享的。

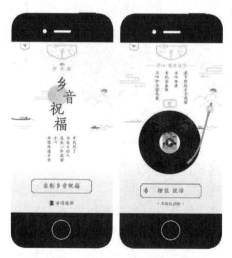

图 6-2-7 《乡音祝福》

重力感应是指手机通过对力敏感的传感器，感受在变换姿势时重心的变化，使光标位置发生变化，从而实现选择的功能。模拟基本的物理规律能大大降低用户对操作方法的理解门槛，还能为策划增添趣味性。网易新闻的《时空恋爱事务所》就是利用手机重力传感器，使用户通过摇晃手机唤醒主人公，从而开启剧情。

手机传感器，为 H5 技术的发挥和互动效果的展现增加了更多可能性，灵活运用照相、录音、GPS 定位、重力感应等传感器的功能，可以创新 H5 玩法，让用户体验到更多趣味。

四 ‖ 基于数据交互的互动效果

基于数据交互的互动效果，可以是与云服务器进行数据交互，也可以是在作品内进行数据交互。比如我们经常见到的调查问卷、邀请函，用户在本地完成文本填写、单选、复选、下拉列表后，数据需要被回传到平台才算完整地完成了交互操作。微信头像昵称的获取、转发接力数据的引用等功能，也都属于与云服务器进行数据交互。还有一些数据，如在本地填写文本、上传照片、选择选项、选择日期后，不需要被上传到云服务平台，而是在作品内部对其进行引用、计算、结果呈现，属于在作品内进行数据交互。

问卷调查和邀请函非常常见，我们在此举两个案例。首先我们来看央视新闻发布的 H5 作品《我的骄傲》（图 6 - 2 - 8），祖国繁荣发展，各种成绩历历在目，这部作品让读者选择身份和国家最让自己感到骄傲的事，将这些信息生成海报，增强了大家的爱国之情和国家荣誉感。

图 6 - 2 - 8　《我的骄傲》

在建党百年，党的十九届六中全会召开之际，人民日报社新媒体团队发布了一部让用户熟悉党的发展进步历程，感受党的红色精神的 H5《值得铭记的一天》（图 6-2-9）。上文中的 H5 仅仅是在分享页面引用了用户选择的数据，而这个 H5 稍微复杂一些，它会根据我们选择的入党日期或生日，执行逻辑事件的动作，生成并显示相应的数据内容，展示我们的"光荣在党"天数，以及历史上的这天发生了哪些重要事件。

图 6-2-9 《值得铭记的一天》

第三节 基于融媒体展示的互动效果制作

前两节我们了解了 H5 作品的不同交互方式，本节将详细地为大家介绍飞翔提供的不同交互功能，如"动画""音视频""背景音乐""图像序列""动感图像""自定义加载页"等的操作方法及使用效果。

一 动画互动效果制作

（一）动画互动效果简介

动画互动效果是指使任意元素或互动对象产生动态画面的效果，分为预设动画效果和自定义动画效果。

预设动画效果是在飞翔中已经预先设置完成的动画效果，分为进入动画、退出动画和强调动画三大类，其中进入动画、退出动画一一对应，分别设置元素和互动对象的进入与退出效果，例如渐变、滑动、飞升、冒泡等。强调动画为元素和互动对象的原地动画效果，主要起到吸引用户注意力的作用，例如弹跳、闪烁、摇晃，抖动。

如图 6-3-1 所示，页面中"劳""动""节""制作你的劳动形象""开始制作"均设置了进入动画效果，在阅读终端上，"劳""动""节"顺序出现后，"制作你的劳动形象""开始制作"再分别出现，整个画面生动活泼，趣味性十足。

自定义动画效果支持用户自定义创意动画效果，包含路径动画效果和形变动画效果。路径动画效果支持设置指定对象沿自定义路径进行运动，形变动画效果支持设置指定对象形状按照时间发生变化，形状的变化主要包含：尺寸、旋转角度、斜切度数和透明度变化。路径动画效果和形变动画效果并不是独立存在的，而是可以对同一对象在设置路径动画的基础上设置形变动画，可以在设置路径动画效果的基础上对同一对象设置形变动画效果。

如图 6-3-2 所示，页面中"老鹰"设置了路径动画效果，并在此基础上设置了形变动画效果，老鹰沿着路径运动的同时，也实现了近大远小的效果。

图 6-3-1　自定义动画效果示例

图 6-3-2　设置了自定义动画效果的老鹰

（二）预设动画效果制作

预设动画效果的制作步骤为：新建文件，插入图片，创建动画效果，参数设置。

1. 新建文件

首先运行飞翔软件。在最先弹出的"新建文件"对话框中选择"标准模式"中的"竖版"，新建一个页面大小为 640px＊1 260px、页数为 1 的文件，点击"确定"按钮，进入编辑状态，如图 6-3-3 所示。

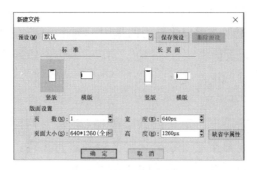

图 6-3-3　新建文件

2. 插入图片

点击插入选项卡下的"图片"按钮，如图 6-3-4 所示。

图 6-3-4　插入图片

选择图片所在文件夹，选中全部图片，点击"打开"，如图 6-3-5 所示。

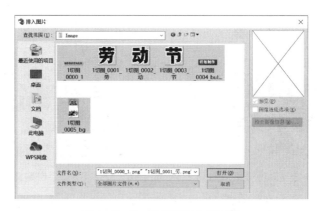

图 6-3-5　选择要插入的图片

将图片依次插入版面后，使用 "选取"工具调整对象大小及位置，完成版面布局，如图 6-3-6 所示。

3. 创建动画效果

选择"劳""动""节"三个字的图片，通过动画选项卡为对象添加进入动画。在选项卡中，绿色的图标代表进入动画，黄色的图标代表强调动画，红色的图标代表退

图 6-3-6 完成版面布局

出动画。我们选择"跌落"动画,点击完成创建。继续上述的操作,可为各个文字、图片对象设置不同的动画效果,如图 6-3-7 所示。

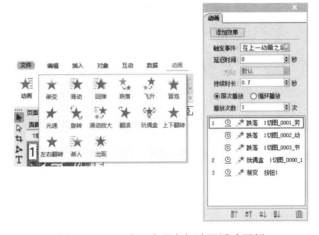

图 6-3-7 动画选项卡与动画浮动面板

4. 参数设置

点击右侧的动画浮动面板,可以设置动画参数。相应参数意义如下:"触发事件"为载入动画效果的时机;"延迟时间"为触发动画与动画开始播放之间的时间间隔;"方向"为对象进入或退出时的运动轨迹;"持续时长"为从动画播放到结束,单次播放持续的时间;"播放次数"为动画按照指定次数限次播放或无限循环播放。在动画列表中可以直接拖动动画调整播放顺序,也可以点击按钮调整。

在设置动画时,我们不能为一个对象在同一时间设置两个动画,这样有可能会造成冲突,比如对象同时从左右两侧进入是不可能实现的,所以当我们设置动画的时候,无论通过什么方式企图在同一个触发时机点上设置两个动画，都会弹出禁止操作的提示。

对几个文字分别进行参数设置后，案例中的预设动画效果制作完成，可以在本地预览案例的效果，也可以直接发布 H5 新媒体作品。

在这里我们展示一下 H5 数字作品案例的最终效果和二维码，可以使用手机微信中的"扫一扫"功能进行案例效果的预览，如图 6-3-8 所示。

图 6-3-8　案例的最终效果及二维码

（三）自定义动画效果制作

自定义动画效果的制作步骤为：插入图片，进行版式设计，创建路径动画（需要同时选中路径）或形变动画效果。

1. 插入图片并进行版式设计

新建一个文件，插入图片后使用"选取"工具调整图片对象的大小及位置，完成版式设计，如图 6-3-9 所示。

2. 创建动画效果

首先用 "钢笔"工具绘制一条路径，再使用"选取"工具，先选中绘制好的路径，按住 Shift 同时选中老鹰图片，点击"动画→路径动画"创建路径动画，如图 6-3-10 所示。

这里要特别注意的是，最后一个选中的对象才是被设置路径动画的对象。在这个案例里，因为老鹰是一张图片，只有一个路径图元，选反了将无法设置路径动画，所以自然会给我们一个提示。若我们把老鹰图片换成用工具绘制的圆形，那么在两个

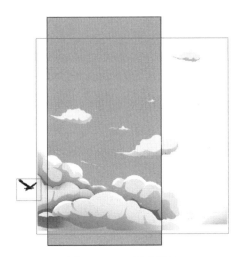

图 6 - 3 - 9　版式设计

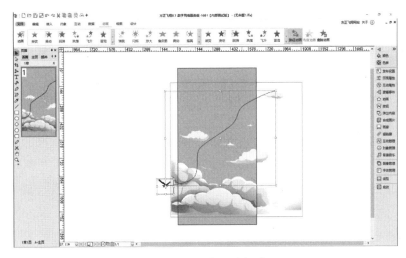

图 6 - 3 - 10　创建路径动画

对象都是图元的情况下，如果我们先选了圆形，后选了曲线路径，创建路径动画时就会出现曲线路径按照圆形移动的动画效果。当多选对象时，中心有十字箭头标记的对象为最终选择的对象，如果发现选择错了，可以点击正确的对象中心点切换选择，如图 6 - 3 - 11 所示。

完成路径动画的设置后，我们可以继续在路径动画的基础上增加形变动画。点击右侧动画浮动面板，选择已经设置好的路径动画，点击鼠标右键，选择设置形变，弹出"形变动画设置"对话框，如图 6 - 3 - 12 所示。

飞翔提供四种形变属性的设置，分别是尺寸、旋转、斜切和不透明度。制作时可以在上方的节点列表中增删节点，为不同的节点设置不同的形变效果，动画播放时，元素会按照设置的时间进程百分比依次完成变化，达到设置的形变效果。比如动画的

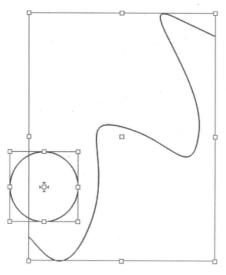

图 6 - 3 - 11 多选对象

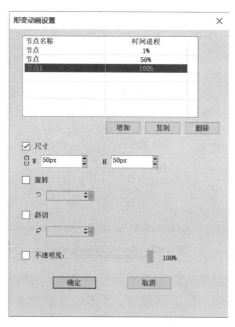

图 6 - 3 - 12 形变动画设置

总时长为 10 秒，那么按照图 6 - 3 - 12 所设置的时间进程，在 1 秒、5 秒、10 秒时会完成形变。点击确定即可完成形变路径设置。

至此，案例中的自定义动画效果制作完成，可以在本地预览案例的效果，也可以直接发布 H5 新媒体作品。

在这里我们展示一下 H5 数字作品案例的最终效果和二维码，可以使用手机微信中的"扫一扫"功能进行案例效果的预览，如图 6 - 3 - 13 所示。

图 6-3-13　案例的最终效果及二维码

（四）动画互动效果的应用

　　动画是 H5 交互融媒体作品中使用最多的互动效果之一，例如作品中文字、图像和互动对象的"进入""退出"，或者"强调""路径动画""形变动画"效果等，设置丰富合理的动画效果会增加作品内容完整性和趣味性，提升用户阅读体验。

三　音视频互动效果制作

（一）音视频互动效果简介

　　音视频互动效果是两种效果制作的简称，分别是音频效果和视频效果。

　　音频效果是指将 MP3 音频文件插入作品中，作为当前页的旁白、内容交互的音效等。如果作为旁白，在翻到这一页面时，音频可以自动播放，直到切换至其他页面；如果作为内容交互的音效，则可以借助点击、弹出画面等其他触发因素进行播放，如制作一个英语测试类的 H5 作品时，可以设置点击某个单词按钮播放该单词发音。

　　视频效果是指插入 MP4（H.264 编码）格式的视频文件。视频的互动效果多用于数字作品的封面或页面中某些特殊区域，用于展示形象、生动的效果。如广告内容、宣传片、新闻事件视频的展示，都可以借助视频效果。在版面中插入视频，借助视频效果，可以实现视频的播放、暂停或停止等控制，还可以在阅读终端进行全屏视频播放。

　　下面我们要制作的是一个适合在 PC 端和平板设备上观看的数字教材的其中一个页

入门理解 H.264
编码

面，如图 6-3-14 所示。

这一页面使用了音视频互动效果。页面载入时，可自动播放"酥油花"的介绍音频，当用户点击"塔尔寺酥油花制作"右侧的小图标时，还可播放酥油花制作过程的介绍视频。这样的音视频与图文相结合的方式，除了以静态的图片和文字展示酥油花制作的相关知识外，还让用户有了声音、画面等更加立体化、实景化的体验和感受。

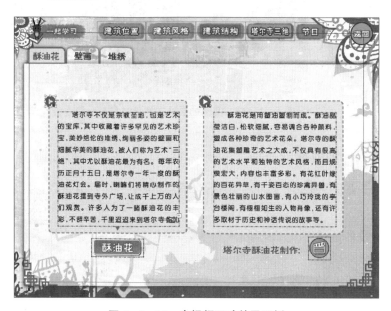

图 6-3-14　音视频互动效果示例

（二）音视频互动效果制作

首先，我们来制作的是音频效果。

音频效果的制作步骤较为简单，主要分为创建音视频文件和设置音频互动属性两个步骤。

1. 创建音视频文件

点击插入选项卡中的"音视频"按钮，如图 6-3-15 所示。

图 6-3-15　音视频按钮

在弹出的"插入音视频"对话框中，提供了两种插入的方式，一种是插入本地音视频，一种是插入网络音视频，通过网络连接的方式将音视频插入作品中的好处在于，素材资源不会被打包到作品的资源包中，可提升加载速度，只有需要播放时才会加载资源。

如果选用网络音视频，需要填入以".mp3"结尾的网络音频地址，如果选择本地音视频，点击"加载本地文件"按钮，选择需要插入的音频文件，点击"打开"插入选中的音频文件即可，如图6-3-16所示。

图6-3-16　插入音频

2. 设置音频互动属性

将打开后的文件放置在版面的适当位置，互动属性浮动面板会自动弹出，提示制作者设置音频文件的属性，如图6-3-17所示。

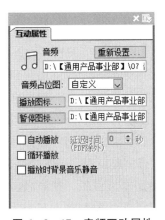

图6-3-17　音频互动属性

在互动属性中，我们可以对音频效果涉及的参数与属性进行一个简要的说明。

点击"重新设置"可以重新更换音频文件或链接；选择音频占位图可以设置音频播放前的播放按钮图标和播放时的暂停按钮图标；点击"自动播放"，可以在阅读终端上实现自动播放音频，只要用户切换到此页，就可以自动播放音频；"延迟时间"可以实现调整自动播放的延迟时间，默认为0秒；"循环播放"指的是只要用户在阅读终端上不切换页面或不按下暂停键，该页面就会循环播放音频；如果认为音频和背景音乐同时播放比较混乱，效果不好，可以设置播放此音频时背景音乐静音。

制作视频的方法与音频类似，点击选项卡上的"音视频"按钮，在"插入音视频"对话框中输入以".mp4"结尾的网络视频地址、格式为"＜iframe……＞ ＜/iframe＞"的网络视频嵌入代码，或选择要插入的本地视频即可，此处不再赘述。

插入视频后，互动属性浮动面板会自动弹出，可以设置视频的相关参数，如图 6 - 3 - 18 所示。

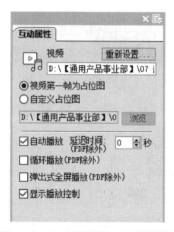

图 6 - 3 - 18　视频的互动属性设置

在这个对话框中，点击"重新设置"可重新更换视频文件或链接；可以设置视频播放前，用于在版面中显示视频所在位置的占位图，支持以"视频第一帧为占位图"或"自定义占位图"；"播放方式"有自动播放、循环播放、弹出式全屏播放三种，选中一项或多项，即可在阅读终端上呈现相应的视频播放效果；"弹出式全屏播放"指的是，如果选中此项，阅读终端上可弹出一个独立的窗口供视频内容进行全屏播放，关闭后即可退出视频；"显示播放控制"指的是，如果选中此项，则在播放视频时显示"播放""暂停""快进""快退"等控制按钮和视频进度条。

至此，音视频效果制作已全部完成，我们可以在本地预览案例的效果，也可以发布 H5 新媒体作品。这里需要注意的是，对于 H5 作品的发布，考虑到网络加载速度、流量消耗等诸多因素，当我们使用本地音频、视频时，素材的大小都应在制作过程中有相应的限制，以便实现良好的用户浏览体验。H5 作品中的音频、视频文件的大小与压缩方法，详见本书第三章。

在这里，我们展示一下 H5 数字作品案例的最终效果和二维码，可以使用手机微信中的"扫一扫"功能，扫描二维码进行案例效果的浏览，如图 6 - 3 - 19 所示。

（三）音视频互动效果的应用

音视频互动效果是数字作品中最常见也最常被应用的效果。音视频的添加可以丰富感

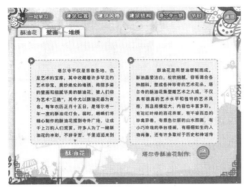

图 6 - 3 - 19　案例的最终效果及二维码

官体验，提升用户对内容的理解，也可以解决在阅读设备有限的版面中呈现更多融媒体内容的问题，提升数字作品版面策划、设计的丰富性、立体性和多元性。目前很多主流的传媒出版机构，都是先对音频、视频等素材进行加工，之后再结合其他素材，进行多元数字内容的制作，在不同的平台进行发布、传播和运营。

在数字作品制作的过程中，我们需要注意的是，在数字作品中插入音频、视频素材时，如果是需要在网络环境中体验的数字作品，文件不可过大，否则会出现加载过慢、卡顿、流量过度消耗等问题，影响用户体验。

三　背景音乐互动效果制作

（一）背景音乐互动效果简介

背景音乐互动效果由独立的按钮控制，可以连续跨页播放的音频，支持全部页面播放，也可以设置不同的页面范围播放不同的背景音乐。同样，背景音乐支持使用本地音频或网络音频。

如图 6 - 3 - 20 所示，设置好背景音乐的作品页面右上方会显示背景音乐按钮，在观看作品的时候是连续跨页播放的，配合作品内容可以更好展示作品，让读者感同身受，提升阅读体验。

（二）背景音乐互动效果制作

背景音乐效果的制作步骤主要分为创建背景音乐和设置背景音乐图标两个步骤。

1. 创建背景音乐

点击插入选项卡中的"背景音乐"按钮，如图 6 - 3 - 21 所示。

图 6-3-20　背景音乐控制按钮

图 6-3-21　插入背景音乐

如图 6-3-22 所示，在弹出的"背景音乐"对话框中，可以设置背景音乐播放的页面范围是全部页面或者指定页面，如果我们想在作品的不同环节使用不同的背景音乐，可以插入多个背景音乐，设置不同的页面范围。我们可以使用本地音频或网络音频。另外飞翔还提供背景音乐的播放效果和控制设置，包括是否循环播放、是否自动播放、是否显示背景音乐图标。根据需求设置好后点击"确定"即可完成设置。

图 6-3-22　插入背景音乐设置

2. 设置背景音乐图标

完成背景音乐创建后，如果需要更改背景音乐图标，可以点击右侧"背景音乐"浮动面板，选中已设置好的背景音乐，点击"图标"按钮可以替换两张图片。也可以点击"重设"更改当前选中的背景音乐，如图 6-3-23 所示。本案例未进行调整。

图 6-3-23　替换背景音乐图标

　　至此背景音乐效果制作完成，我们可以在本地预览案例效果，也可以直接发布H5新媒体作品，插入背景音乐时同样需要注意素材的大小问题。

　　在这里，我们展示一下H5数字作品案例的最终效果和二维码，可以使用手机微信中的"扫一扫"功能，扫描二维码进行案例效果的浏览，如图6-3-24所示。

图6-3-24　案例的最终效果及二维码

（三）背景音乐互动效果的应用

　　背景音乐互动效果是H5融媒体作品中不可缺少的一部分，为作品加入调节气氛的音乐，能够烘托作品情感氛围，增强情感的表达，让读者身临其境。

四 ||| 图像序列互动效果制作

（一）图像序列互动效果简介

　　图像序列是飞翔中常用的、用于制作精美动画的互动效果，指的是通过加工和排入一组图片，在数字作品的版面中直观显示动态图像。在数字作品中，用户无须任何操作，就可以看到具有动态效果的动画和画面。

　　如图6-3-25所示，页面中的"星星""酒杯""蜡烛"就是使用图像序列互动效果呈现的，当作品停止在此页面时，"星星"会从右上向左下循环滑动，呈现出滑落天空的效果，"酒杯"会在人物的手中反复转动，餐桌上"蜡烛"的烛光会不停地忽明忽暗，在页面中闪烁。

图 6 - 3 - 25 图像序列互动效果示例

（二）图像序列互动效果制作

图像序列互动效果主要由制作序列图、排入图像序列、设置图像序列互动属性三个步骤组成。

1. 制作序列图

图像序列事实上是由一组或多张图片组成的，图片的来源有许多种，可以是摄影师按顺序一帧帧拍摄所得，也可以是使用设计和动画制作软件，如 Photoshop、Flash、3D Max 等工具制作出的帧图。制作完成后的帧图，需要按顺序命名并放入同一个文件夹中，如图 6 - 3 - 26、图 6 - 3 - 27 所示。

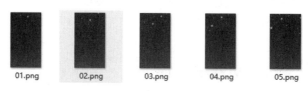

图 6 - 3 - 26 将帧图按顺序命名（一）

图 6 - 3 - 27 将帧图按顺序命名（二）

2. 排入图像序列

点击互动选项卡中的"图像序列"按钮，弹出"图像序列"对话框，选中事先准备好的图像序列文件夹，点击"确定"，将图像序列排入版面中，如图 6 - 3 - 28、

图6-3-29、图6-3-30所示。

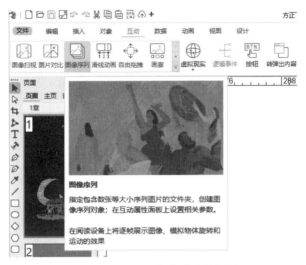

图6-3-28 图像序列功能位置

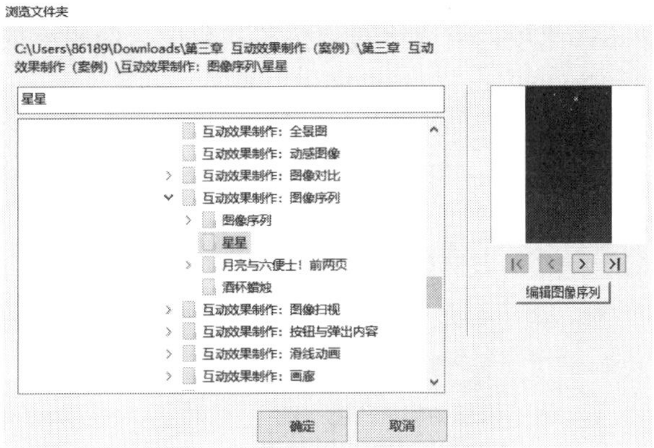

图6-3-29 选择图像序列排入（一）

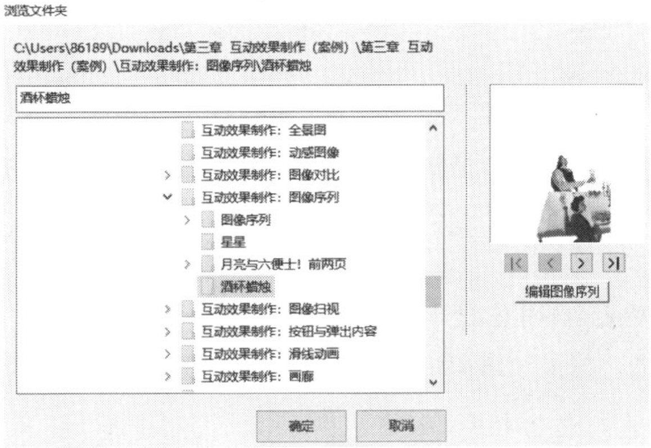

图6-3-30 选择图像序列排入（二）

3. 设置图像序列互动属性

图像序列排入完成后，选中图像序列，互动属性浮动面板弹出。在互动属性中，可以对图像的呈现方式进行设置，如图 6-3-31 所示。

图 6-3-31　图像序列互动属性

在这里，对互动属性中图像序列的主要参数设置进行简要说明。

播放速度。指的是以每秒多少帧数的速度播放，可指定播放速度在 0～60 帧/秒。

反序播放。如果不选此项，阅读终端将按照从前向后的顺序依次播放图片；如果选中此项，则阅读终端将按照从后向前的顺序播放图片。

点击播放/暂停。用户可通过点击来控制播放和暂停图像序列。

此案例中，我们按照图 6-3-32 所示进行参数的设定。

图 6-3-32　此案例的图像序列互动属性

这样，当我们预览文档时，就可以看到动态展示的图像序列效果。

至此，图像序列设置完成。我们可以在本地预览案例的效果，也可以发布 H5 新媒体作品。

在这里，我们展示一下 H5 数字作品案例的最终效果和二维码，可以使用手机微信中的"扫一扫"功能，扫描二维码进行案例效果的浏览，如图 6-3-33 所示。

图6-3-33　案例的最终效果和二维码

（三）图像序列互动效果的应用

图像序列主要解决的是在数字作品中化静为动、制作动态效果的问题。这一互动效果一般应用于需要营造氛围、制造和呈现动画的场景中。这一互动效果适宜展示需要360°全方位展现的物体，如手机等数码产品、汽车等交通工具等；或者需要动态呈现的物体，如闪烁的星星、忽明忽暗的蜡烛、飞舞的蝴蝶。图像序列互动效果可以使画面更加真实、灵活，增强数字作品的感染力与用户的沉浸式体验。

五　动感图像互动效果制作

（一）动感图像互动效果简介

动感图像互动效果是指在版面中排入指定图片，在浮动面板上设置相关参数，在阅读终端上实现动态飘动的效果。在数字作品中，动感图像一般用于点缀背景，或制作更加特殊有趣的创意交互，用户浏览时可以在阅读器上使用手指触控与动感对象进行交互，参与到互动效果的实现中来。

动感图像

如图6-3-34所示，页面背景的"电报"采用了动感图像效果，即阅读终端上会有多个"电报"自动从左向右飘动，并且呈现出角度和方向的变化，这样的互动可以更加突出通信方式的特点和数字作品的主题。这种交互效果增加了页面的丰富性，更加体现页面的动态效果。

图 6-3-34 动感图像互动效果示例

（二）动感图像互动效果制作

动感图像互动效果制作主要由创建动感图像、排入动感小图、排入背景大图、将动感图像排入版面四个步骤组成。

1. 创建动感图像

点击互动选项卡下的"动感图像"按钮，当把鼠标悬停于按钮上时，会出现提示文字，这一文字叙述描述并展示了动感图像的制作过程和效果，以同样的方式，将鼠标悬停于其他按钮上时，也可以出现类似的说明，如图 6-3-35 所示。

图 6-3-35 动感图像功能位置

点击"动感图像"按钮，弹出"创建动感图像"对话框，如图 6 - 3 - 36 所示。

图 6 - 3 - 36 创建动感图像

2. 排入动感小图

在"创建动感图像"对话框中，点击"动感小图预览"右侧的"浏览"按钮，在"打开"对话框中选定预先准备好的图片，如图 6 - 3 - 37 所示。

图 6 - 3 - 37 排入动感小图

这里需要注意的是，动感小图只能加载一张小的有透明效果的 PNG 或 GIF 图，并且制作者应对动感小图的图像大小进行限制，图像的像素大小要限制在 10px ∗ 10px 至 150px ∗ 150px 之间。

选中对话框右侧的"预览"复选框，可以查看图片的内容，点击"检查图像信息"按钮，可以查阅图像路径、颜色、格式、大小等，如图 6 - 3 - 38 所示。

最后点击"打开"按钮，动感小图即被选定。

3. 排入背景大图

排入小图后，飞翔会返回至"创建动感图像"对话框，用与上文排入小图同样的方式选定背景大图，如图 6 - 3 - 39 所示。

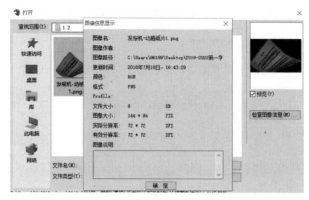

图 6 - 3 - 38　图像信息显示

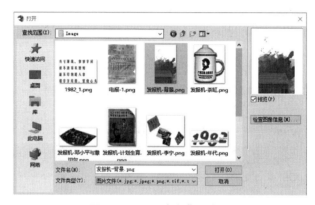

图 6 - 3 - 39　选定背景大图

4. 将动感图像排入版面

大图和小图均设置完成后，在"创建动感图像"对话框中，我们可以预览动感小图与背景大图的效果，如图 6 - 3 - 40 所示。

图 6 - 3 - 40　预览效果

点击"确定"按钮，将带有动感小图和背景大图的动感图像互动排入版面，同时页面上会自动弹出互动属性浮动面板，如图 6 - 3 - 41 所示。

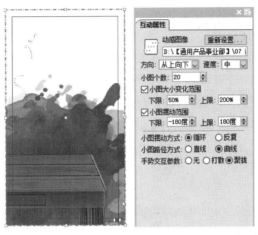

图 6－3－41　将动感图像排入版面的效果与互动属性

在互动属性浮动面板中，有很多动感图像互动效果的参数，这里对参数的设置进行简要说明。

方向指的是设置动感小图在底图上漂移的方位。

速度指的是设置动感小图在底图上漂移的速度。

小图个数指的是屏幕上呈现的漂浮小图像的个数，可选范围为1～50。

小图大小变化范围指的是可以设置缩放范围，确定飘落小图的大小在此范围内变化。

小图摆动范围指的是可以设置小图飘落下的旋转范围。

小图摆动方式指的是可以设置小图飘落到图像边界后继续摆动的方式，反复摆动或循环摆动（默认）。

小图路径方式指的是可以设置小图飘落下来的路径，如直线或曲线。

手势交互参数指的是可以设置用户在阅读终端上与小图进行交互的方式。

此案例中，我们按照如图6－3－42所示进行参数的设定。

图 6－3－42　此案例的动感图像互动属性

至此，案例中的动感图像互动效果制作完成。我们可以在本地预览案例的效果，也可以以发布 H5 新媒体作品的方式，将作品上传到云端，通过将其发布为链接和二维码进行预览和传播。H5 作品发布的相关参数设置，详见第五章。

在这里，我们展示一下 H5 数字作品案例的最终效果和二维码，可以使用手机微信中的"扫一扫"功能，扫描二维码进行案例效果的浏览，如图 6-3-43 所示。

图 6-3-43　案例的最终效果及二维码

（三）动感图像互动效果的应用

动感图像主要解决的是图像动态呈现的问题。在数字作品中，如果单纯地使用静态图片或纯色作为背景或元素，会显得比较单调，因此动感图像可以起到点缀数字作品局部元素和背景的作用。

动感图像这一互动，一般应用在需要营造氛围、制造动图的场景中，适合展示在一个特定场景中通过蒲公英、雪花、雨滴、树叶、沙尘、花瓣、气球等小元素动态呈现的作品，可以起到增强作品感染力、使场景真实化等作用。用户阅读时可以通过阅读终端，使用手指触控与动感对象进行交互，参与到互动效果的实现中来。

六 ⫼ 自定义加载页互动效果制作

自定义加载页

（一）自定义加载页互动效果简介

"加载页"指的是用户浏览 H5 新媒体作品，刚刚打开 H5 作品时看到的等待页面效果。在飞翔中，我们可以对加载页效果进行自定义，让用户的等待更加丰富有趣。

在飞翔中，默认的加载页是"方正飞翔"四个字和进度条，如图6-3-44所示。

在飞翔中，用户可以根据需要更改加载页，图6-3-45就是更改后的加载页效果。

图6-3-44　方正飞翔数字版的默认加载页　　　图6-3-45　更改后的加载页

除此之外，飞翔还提供其他的自定义加载页样式，含有进度条、进度环、旋转、饼状、条状、百分比等加载页样式（图6-3-46）。在此案例中，我们以进度条加载页样式的制作为例，介绍自定义加载页互动效果的制作过程。

（二）自定义加载页互动效果制作

自定义加载页互动效果主要由选择加载样式、选择加载图片、设置加载页三个步骤组成。

1. 选择加载样式

点击互动或数据选项卡中的"加载页"按钮，会弹出"加载页设置"对话框。飞翔提供六种加载样式，我们在这里对不同的样式效果做一个简单的介绍。

进度条：在加载图片的下方显示进度条展示加载进度。

进度环：在加载图片的外围以环形进度条的方式展示加载进度。

旋转：在加载作品时，显示一张加载图片不断旋转。

饼状：加载图片以类似饼状图的方式，逐渐显示，展示当前加载进度。

条状：加载图片以进度条的形式逐渐显示，展示当前加载进度。

百分比：在加载图片的下方显示当前加载进度百分比。

图 6 - 3 - 46　丰富的自定义加载页样式

2. 选择加载图片

根据加载样式的不同，可以选一个或两个加载图片，选择一个加载图片的有进度条、进度环、旋转、百分比，选择两个加载图片的有饼状和条状。

在这里我们解释一下为什么饼状和条状要选择两个加载图片。这两种效果与自定义进度条的效果类似，常见的进度条一般包含一个显示总长或总面积的背景，和一个当前加载进度的前景，所以我们可以为饼状和条状设置前景图片、背景图片两张加载图片，效果如图 6 - 3 - 47 所示。

图 6 - 3 - 47　饼状和条状的加载效果

这个案例里我们选择加载样式为进度条，排入事先准备好的加载图片，如图 6 - 3 - 48、图 6 - 3 - 49 所示。

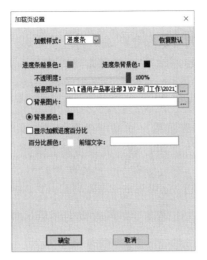

图 6-3-48 加载页设置

图 6-3-49 排入加载图片

3. 设置加载页

加载页的设置主要由进度条前景色、进度条背景色、不透明度、前景图片、背景图片、背景颜色等参数组成。在这里，对"加载页设置"对话框中的各项主要参数进行简要说明。

进度条前景色指的是显示出来的进度条颜色，适用于进度条、进度环样式。

进度条背景色指的是进度条后的颜色，适用于进度条、进度环样式。

不透明度指的是进度条和加载图片的透明效果，适用于全部样式。

前景图片指的是固定显示的加载图片，适用于全部样式。

加载图片指的是前景图片上层按照加载进度出现的图片，适用于饼状、条状样式。

加载方向指的是加载图片的走势方向，适用于饼状、条状样式。

背景图片指的是加载页的背景图片，适用于全部样式。

背景颜色指的是加载页的背景颜色，适用于全部样式。

显示加载进度百分比指的是除了基本的加载进度外，是否显示当前加载进度百分比，可设置文字颜色，以及前缀文字提示，适用于全部样式。

需要说明的是，加载页设置完成后，在制作页面中是无法看到效果的。需要通过"页面预览"或"文档预览"查看数字作品加载页面的效果。

设置好进度条前景色、前景图片后，此案例的加载页互动效果制作完成。我们可以在本地预览案例的效果，也可以发布 H5 新媒体作品。

在这里，我们展示一下 H5 数字作品案例的最终效果和二维码，可以使用手机微信中的"扫一扫"功能，扫描二维码进行案例效果的浏览，如图 6-3-50 所示。

图 6-3-50 案例的最终效果和二维码

（三）自定义加载页互动效果的应用

自定义加载页是一项体现数字作品个性化的设置，主要解决的是加载页单一及用户等待过程枯燥等问题。在网速较慢的情况下，用户会在加载页停留较长时间，为了不让用户在等待过程中过于无聊，我们可以自定义加载页，或进行趣味化设置，降低用户等待时的枯燥感。另外，加载页目前也是很多传媒出版单位和企业植入品牌形象的主要场景之一。

第四节 ▮▮▮ 基于触摸屏操作的互动效果制作

本节我们将重点介绍基于触摸屏的互动效果制作。基于触摸屏的互动效果，是比较常见、应用较为广泛的 H5 互动效果，在本节中，我们将就 11 种常见的互动效果，讲解制作的过程。

一 按钮互动效果制作

（一）按钮互动效果简介

按钮是飞翔中常用的互动效果之一，也在数字作品的设计制作中被广泛应用。按钮互动效果可以控制数字作品中的很多元素，比如可以控制弹出画面或内容，可以切换或跳转其他页面，还可以控制音频、视频的播放或暂停等。在操作按钮时也可以进行逻辑判断，触发不同的动作。

这里我们以按钮与弹出内容、按钮跳转页面互动效果为例，简要地介绍一下飞翔中按钮互动效果的制作。

"按钮与弹出内容"指的是点击版面中的"按钮"可以弹出与之关联的"内容"。在数字作品中，用户可以通过"点击按钮—弹出内容"的方式实现与数字作品的深度交互。

按钮与弹出内容

"按钮跳转页面"指的是点击版面中的"按钮"可以跳转至数字作品的某一其他页面。在数字作品中，用户可以通过"点击按钮—跳转页面"的方式实现页面切换，浏览其他内容。

如图6-4-1所示，页面中的"查收"字样和"右向箭头"就是按钮效果，点击"查收"会出现弹出内容，即图中这张白色、带有文字的信纸。点击"箭头"可以跳转至下一个页面，如图6-4-2所示。

在图6-4-2所示的页面中，还可以点击"发送"按钮查看分享提示。

图6-4-1 点击"查收"按钮后显示弹出内容

图 6 - 4 - 2   点击"箭头"按钮后跳转页面显示的内容

(二) 按钮互动效果制作

按钮互动效果的制作主要由排入图片、设置按钮、设置弹出内容、设置按钮动作四个步骤组成。

1. 排入图片

点击插入选项卡中的"图片"按钮,排入事先准备好的图片,并在版面上调整图片素材的位置、大小,完成版式布局。同时为各个对象添加动画效果,如图6-4-3所示。

图 6 - 4 - 3   排入图片素材并添加动画

2. 设置按钮

在此案例中，我们需要将写有"查收"字样的图片设置为按钮，设置按钮的方法有两种，在这里为大家介绍一下。

一种方法是，先排入需要设置为按钮的图片，再将图片转为按钮。如图 6-4-4 所示，先将"查收"排入版面，然后选中该图，点击右键，选择"互动→转为按钮"，或在浮动面板中的"按钮"窗口中，点击 按钮，即可将该图转为按钮，如图 6-4-5 所示。

图 6-4-4　通过右键菜单将图片转为按钮

图 6-4-5　通过按钮浮动面板将图片转为按钮

另一种是在互动选项卡下，点击"按钮"，出现"创建按钮"对话框。将要设置为按钮的图片排入版面，即可创建按钮，如图6-4-6、图6-4-7所示。

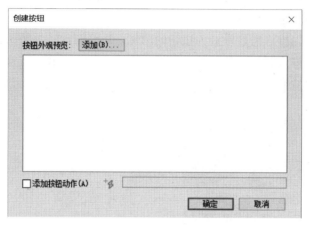

图6-4-6　创建按钮

图6-4-7　选择"查收"图片作为按钮

这里需要注意的是，在飞翔中，可以为按钮设置点击前、按住时、点击后的三种"外观"效果。如果只选一张图片，那么任何时候的"外观"效果都是一样的。

3. 设置弹出内容

将计划作为弹出内容的图片排入版面，调整好位置，为其添加动画效果，此时我们添加的动画效果会在对象被设置为弹出内容后，在内容弹出后播放。

设置好动画后我们就可以将对象转为弹出内容，我们有四种方式可以进行设置。（1）选中对象，点击互动选项卡中的"转弹出内容"按钮；（2）选中对象，点击鼠标右键，在菜单中选择"互动→转为弹出内容"；（3）打开浮动面板列表中的"弹出内容"面板，将对象拖动到"画面列表"中；（4）不用拖动，仅选中对象，点击面板中的 按钮，形成弹出内容对象。创建后的效果如图6-4-8所示。

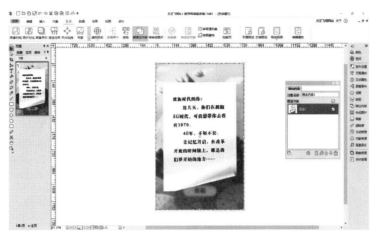

图 6 - 4 - 8　转为弹出内容

4. 设置按钮动作

至此，按钮和弹出内容已经创建完毕，现在我们需要进行最后一步的设置按钮动作，即使按钮能够控制弹出内容的画面状态。此时我们发现，由于弹出内容的图层在按钮的上方，且弹出内容占据了整个版面，无法直接选择按钮进行设置，为了方便我们选中按钮，且不改变对象的版面位置，我们可以到对象管理浮动面板将弹出内容对象设置为"不可见"，这样我们就能在版面中选中"查收"按钮了，如图 6 - 4 - 9 所示。

图 6 - 4 - 9　设置对象不可见后可在版面上选中下层对象

选择"查收"图片，打开浮动面板中的"按钮"窗口，点击"动作"后面的按钮，在菜单中选择"调整画面状态→转至画面"进行按钮动作的添加。在弹出的"转至画面"对话框中，下拉选框中含有事先设置好的"对象名称"，即"弹出内容1"，以及"画面"名称，即"画面1"，如图 6 - 4 - 10、图 6 - 4 - 11 所示。

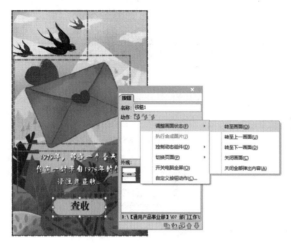

图 6-4-10　按钮动作设置

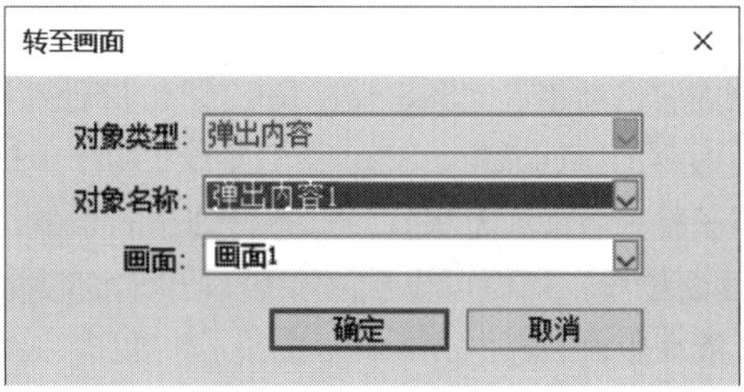

图 6-4-11　选择转至画面

点击"确定"，则完成了按钮的动作设置，如图 6-4-12 所示。我们将鼠标悬停于按钮动作之上，还可以看到具体的按钮动作描述，包括如何操作按钮、按钮外观的变化、动作执行的前提触发条件、执行的具体动作。

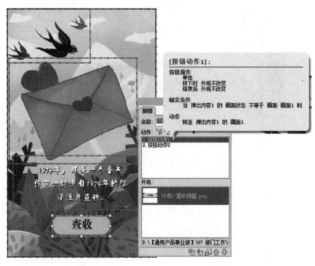

图 6-4-12　完成按钮动作设置

接下来，我们将制作"按钮跳转页面"的效果。以同样的方式，插入"箭头"按钮，并添加动画。点击"动作"后面第一个＋δ按钮，在菜单中选择"切换页面→转至下一页"进行按钮动作的添加，如图6-4-13所示。

图6-4-13　按钮跳转页面

因为控制翻页的"箭头"按钮需要和"信件"弹出内容一起弹出，所以我们用同样的方式将"箭头"按钮也转为弹出内容，并调整"查收"按钮的动作，使两个弹出内容能够同时弹出。再次选择"查收"按钮，点击"动作"后的第二个δ按钮编辑动作。如图6-4-14所示，在打开的对话框中进入动作设置TAB页，动作类型选择"调整画面状态"，在右侧的动作设置中选择"转至画面→弹出内容2→画面1"，点击"增加"完成动作增加，点击"确定"保存设置。

图6-4-14　添加动作

这样我们就完成了点击"查收"按钮同时出现"信件"内容和"箭头"翻页按钮的效果的制作。

在下一页中，我们可以用同样的方式设置按钮和弹出内容。将"发送"图片制作为"按钮"，将"点击右上角……分享至朋友圈"的图片制作为"弹出内容"。

至此，按钮互动效果制作完成。我们可以在本地预览案例的效果，也可以发布 H5 新媒体作品。最终效果如图 6-4-15 所示。

图 6-4-15　案例的最终效果和二维码

（三）按钮互动效果的应用

按钮互动效果主要解决的是叠加交互及引导用户交互的问题，一般应用在需要用户进行点击操作才能进入下一步的场景中，如问题及答案显示、参与性游戏、事件发展等，可以起到增强作品的交互性、使作品表达更顺畅、事件过渡更自然、用户参与感更强等作用。

按钮基本操作

通过图 6-4-18 大家可以发现，按钮除了控制弹出内容、页面跳转外，还能执行更多动作，并且能够为其设置一定的触发条件，实现更多交互场景。想更深入地了解与学习按钮功能，可以扫描二维码观看教学视频。

三 ┃┃ 画廊互动效果制作

（一）画廊互动效果简介

画廊互动效果是指在版面中排入多张图片，快速创建在阅读终端上放映幻灯片的影像效果，并且也可根据参数对画面切换的速度、效果进行调整，利用画廊和按钮两个互动效果，可制作更复杂的互动效果。

如图 6 - 4 - 16 所示，页面下方采用了画廊互动效果。在阅读终端，该区域会自动出现不同的图片，并交替转换。

图 6 - 4 - 16　画廊互动效果

这种互动效果，在有限的页面内丰富了数字作品的内容，提升了用户的阅读体验。

（二）画廊互动效果制作步骤

该效果主要由创建画廊、添加图片、将图片排入版面、对画廊进行属性设置四个步骤构成。

1. 创建画廊

点击互动选项卡中的"画廊"按钮，如图 6 - 4 - 17 所示，弹出"创建画廊"对话框。

画廊

图 6 - 4 - 17　创建画廊

对话框中有三种播放效果可供选择，即走马灯、一对一按钮、导航式按钮，可根据需要选择合适的效果，如图 6 - 4 - 18 所示。

图 6 - 4 - 18　画廊效果的选择

走马灯效果指的是没有按钮，图片自动或者手动播放，还可切换至全屏播放；一对一按钮效果指的是每张图片由一个对应的按钮来触发；导航式按钮效果指的是在大图下方提供导航栏，通过触控导航栏来触发阅读，依次阅读最初、前一个、后一个、最后的图片。

2. 添加图片

在"创建画廊"对话框中，点击"图片预览"右侧的"添加"按钮，可为画廊添加图片，按住 Ctrl 键同时选定多张图片进行添加，添加完成后可以在对话框中看到添加的多张图片。在"效果选项"中选择画廊的展示效果为"走马灯"，如图 6 - 4 - 19 所示。

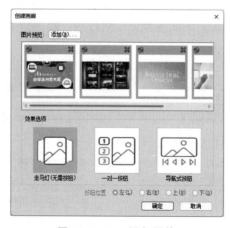

图 6 - 4 - 19　添加图片

点击"确定"按钮，排入画廊。需要注意的是，用于画廊互动效果的图片尺寸必须相同，因为在新建画廊画面的过程中，程序会将所有画面的图片中心对齐、重叠并捆绑在一起。如果图片尺寸不一样，就会影响画面的呈现效果。

3. 将图片排入版面

点击"确定"按钮后，鼠标形状会发生变化，我们可以看到，画面涵盖了当初选中的多张图片。用鼠标在页面右下方拖拽出一个区域，将画廊对象排入，效果如图 6-4-20 所示。

图 6-4-20　排入效果

此时，可以通过弹出的画廊浮动面板来设置画廊的相关参数，以达到预期的效果。通过浮动面板可对画廊中包含的每张图片进行操作，或对画廊播放属性进行设置。在画廊浮动面板中点击不同画面，版面上的画廊会显示相应的大图，如图 6-4-21 所示。但要注意此操作并不代表显示的是作品默认显示的第一幅画面，画廊仍会按照列表顺序播放。

图 6-4-21　设置参数

在面板中，可选定任意一张画面，点击右键，用"替换图像"实现单张图像的替换，如图 6-4-22 所示。

点击画廊浮动面板右上角的 按钮，可弹出如图 6-4-23 所示的菜单。

此窗口右上角的图标中，有多个可以设置和调整画廊互动效果的选项。在这里，对这些选项进行简要说明。

形成对象指的是将选中的图片对象转为画廊。

图 6 - 4 - 22　替换图像

图 6 - 4 - 23　更多菜单

释放对象指的是将画廊中的全部画面转为普通图片。

添加一个画面/添加多画面指的是可以将选中的图片添加到最后一次选中的画廊中（若未选中则创建新画廊），形成多个画面。

释放画面指的是可以在画面列表中选中一个画面，通过释放画面，将该画面从画廊中删除。

画面添加按钮可以为画面设置触发按钮。

画面加载音频可以为画面额外增加一段音频，展示此页面时播放加载的音乐。

点击"重设画廊"将回到创建画廊窗口，可以添加、删除、替换画廊画面图片。

此浮动面板的下方还有一排功能按钮，如图 6 - 4 - 24 所示，与功能菜单中的功能类似，这些按钮的功能是快速地释放对象、释放画面、添加画面、调整画面顺序，鼠标悬停于其中任意一个图标上时，均可显示 tips，提示该功能的触发效果和意义，另外需要特别说明的是左侧第二个"画廊属性设置"图标。

图 6 - 4 - 24　对话框下方图标

4. 对画廊进行属性设置

点击"画廊属性设置"图标，弹出"画廊属性设置"对话框，如图 6-4-25 所示。

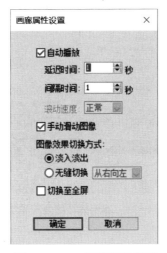

图 6-4-25 画廊属性设置

在这里，对该对话框中画廊的参数设置进行简要说明。

自动播放指的是当用户转至此页面时，自动放映画廊画面。

手动滑动图像指的是用户可以用手势轻扫图像，在画面之间切换，也可以通过点击画面来控制"播放/暂停"。

图像效果切换方式指的是上一个与下一个画面之间的转场动画过程与衔接效果。淡入淡出是指放映下一个画面时，呈现淡入淡出的过渡效果，适用于自动和手动的画面放映；无缝切换适用于走马灯效果，使上一张与下一张图片紧密衔接。

切换至全屏指的是双击画廊可以转至全屏①放映画廊效果。

至此，案例中的画廊互动效果制作完成。我们可以在本地预览案例的效果，也可以发布 H5 新媒体作品。

在这里，我们展示一下 H5 数字作品案例的最终效果和二维码，可以使用手机微信中的"扫一扫"功能，扫描二维码进行案例效果的浏览，如图 6-4-26 所示。

(三) 画廊互动效果的应用

"画廊"效果主要解决的是多图呈现问题，一般应用于需要通过多张图片轮流播放来展示主题的作品中。在具体应用中，可以根据作品主题和设计形式选择走马灯效果、一对一按钮效果和导航式按钮效果。三种效果都可以以用户交互的方式呈现，提升了数字作品的交互性。

---

① 全屏指的是在浏览区域全屏，而非整个屏幕范围内的全屏。

图 6 - 4 - 26　案例的最终效果和二维码

自由拖拽互动效果制作

（一）自由拖拽互动效果简介

自由拖拽互动效果可以实现通过手势控制图片对象在页面上任意移动、放大、缩小的操作，并且可以设置移动距离的参数，指定移动范围。

如图 6 - 4 - 27 所示，页面中的"请战书"设置了自由拖拽互动效果，可以通过手势从下面的手中移动到上面的手中，并且只能从下向上拖拽，不能往别的方向拖拽，可以很好地结合内容，展示妈妈义无反顾支援武汉的决心，这种交互增加了作品的互动性，使用户有更高的参与度，更好地理解作品内容。

（二）自由拖拽互动效果制作

自由拖拽互动效果制作主要由创建自由拖拽互动效果、对自由拖拽进行互动属性设置两个步骤构成。

1. 创建自由拖拽互动效果

新建文件，并将其他版面元素添加到版面后，点击互动选项卡中的"自由拖拽"，如图 6 - 4 - 28 所示。

在弹出的"打开"对话框中，选择需要插入的图片，点击"打开"插入选中的图片，如图6 - 4 - 29 所示。将插入的自由拖拽互动效果图片排入版面，并移动至女儿双手的位置。

2. 设置互动属性

选中"请战书"，点击右侧浮动面板列表中的"互动属性"，在弹出的浮动面板中

图 6 - 4 - 27　自由拖拽互动效果示例

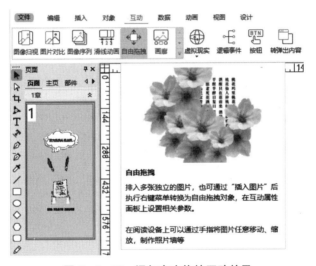

图 6 - 4 - 28　添加自由拖拽互动效果

可以设置"不允许拖拽""不允许缩放""不允许旋转",根据本案例的内容,勾选"不允许缩放"和"不允许旋转"。距离限制可以对拖拽范围进行设置,勾选"距离限制",可分别设置上下左右四个尺寸,本案例为只能向上拖拽,所以设置 Y 方向距离为120px,如图 6 - 4 - 30 所示。

　　至此,案例中自由拖拽互动效果制作完成,我们可以在本地预览案例的效果,也可以发布 H5 新媒体作品。

　　在这里,我们展示一下 H5 数字作品案例的最终效果和二维码,可以使用手机微信中的"扫一扫"功能,扫描二维码进行案例效果的浏览,如图 6 - 4 - 31 所示。

图 6 - 4 - 29　插入图片

图 6 - 4 - 30　自由拖拽互动属性

图 6 - 4 - 31　案例的最终效果和二维码

（三）自由拖拽互动效果的应用

自由拖拽互动效果主要支持用户对作品中的图片素材进行拖拽、放大或者旋转的操作，使用户有很强的参与感，参与到作品交互操作中，可以实现"采摘果实""移动行李""喝珍珠奶茶"等效果，提升作品丰富性和趣味性。

四 // 图像扫视互动效果制作

（一）图像扫视互动效果简介

图像扫视互动效果是指在较小的区域内显示较大的图像，并允许较大图像在该区域内移动，以及实现图像由屏幕外向屏幕内滚入滚出的效果，也可实现放大局部图像以查看细节的效果，使用户可以体验到类似摄像镜头摇移、放映图像般的互动效果。

图像扫视

如图 6-4-32、图 6-4-33 所示，用户通过滑动手势可以看到图片从局部到整体缓缓出现在页面上，在该区域拖动图像可以看到完整的图，可以用两只手指进行图片的缩放。这种互动效果增加了页面的丰富性，强调了用户的参与体验，在有限的版面内展现了更多的内容。

图 6-4-32　图像扫视互动效果示例（一）

图 6-4-33　图像扫视互动效果示例（二）

（二）图像扫视互动效果制作步骤

图像扫视互动效果主要由排入图片、调整可视区域、设置互动属性三个步骤组成。

1. 排入图片

点击互动选项卡中的"图像扫视"，弹出对话框，如图 6-4-34 所示，选择准备好的图像，点击"打开"，将图像排入版面，如图 6-4-35 所示。

图 6 - 4 - 34　插入图像扫视

图 6 - 4 - 35　将图像排入版面

2. 调整可视区域

可视区域是指图片在版面上可见的部分，可以通过两种方法来调整可视区域。一种是按住 Ctrl 键，使用选取工具拖动可视区域控制点；另一种是使用左侧工具箱中的裁剪工具┿进行调整。调整后的效果如图 6 - 4 - 36 所示。

3. 设置互动属性

点击浮动面板中的"互动属性"，进行各项参数的设置，如图 6 - 4 - 37 所示。

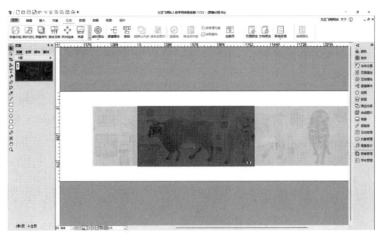

图 6 - 4 - 36　调整可视区域

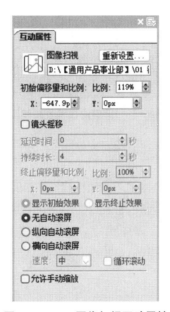

图 6 - 4 - 37　图像扫视互动属性

在这里，也对图像扫视互动属性中的参数进行简要的说明。

重新设置指的是可重新更换图像文件。

初始偏移量指的是初始图像的显示范围。可利用图像左上点坐标相对于限定区域左上点坐标的差值进行设定，也可以直接在版面上使用"穿透"工具调整初始位置。

比例指的是图像的初始缩放比例。

镜头摇移类似于电影中镜头移动的效果。通过设置初始偏移量和比例、终止偏移量和比例、延迟播放时间、持续播放时长，可实现画面自动移动、缩放的镜头摇移效果。

自动滚屏指的是不设置初始和终止位置，图像自动循环滚动播放。

允许手动缩放指的是可选择用户是否可在阅读终端上用手势操控的方式对图像进行缩放。

至此，图像扫视互动效果制作完成，我们可以在本地预览案例的效果，也可以直接发布 H5 新媒体作品。

在这里，我们展示一下 H5 数字作品案例的最终效果和二维码，可以使用手机微信中的"扫一扫"功能，扫描二维码进行案例效果的浏览，如图 6 - 4 - 38 所示。

图 6 - 4 - 38　案例的最终效果和二维码

（三）图像扫视互动效果的应用

图像扫视互动效果主要解决的是在有限的版面中呈现大图或细节的问题，一般应用于需要大图或细节图来展示主题的作品中。在制作数字作品时，还可以配合文字说明来达到突出主题的效果。在具体应用中，镜头摇移效果、手动缩放效果等是根据作品主题和设计形式来进行选择的，两种形式都可以增加作品的趣味性和用户的参与感。

五 ▏滚动内容互动效果制作

（一）滚动内容互动效果简介

滚动内容互动效果是指将版面某一区域内的带有续排标记的矩形文字块转为滚动内容对象，可在阅读终端上使用户通过滚动来查看更多文字内容，一般用于需要用户阅读较多文字内容的场景中，在有限位置展示更多的文字内容。

如图 6 - 4 - 39 所示，将页面中文字内容设置为滚动内容互动效果，在阅读终端上，用户可以通过手势操作，向上滑动观看完整内容，展示了更多的方正飞翔介绍文字。

图 6 - 4 - 39　滚动内容互动效果示例

（二）滚动内容互动效果制作

滚动内容互动效果制作主要由排入文字块、转为滚动内容、设置互动属性三个步骤组成。

1. 排入文字块

点击左侧文字工具 **T**，在页面绘制文本框，将需要排入的文字复制到文本框内，调整文本框边框大小，如图 6 - 4 - 40 所示。

2. 转为滚动内容

点击排入的文字块，点击互动选项卡中的"转滚动内容"，如图 6 - 4 - 41 所示，即可完成滚动内容互动效果制作。

3. 设置互动属性

选中设置完成的"滚动内容"文字块，点击右侧浮动面板列表中的"互动属性"，勾选"显示滚动条"可以在页面看到滚动条。还可设置"自动滚动""滚动速度""循环滚动"，如图 6 - 4 - 42 所示。本案例将不对这些属性进行设置。

图 6 - 4 - 40　排入文字块

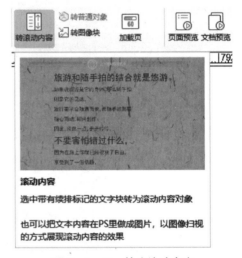

图 6 - 4 - 41　转为滚动内容

图 6 - 4 - 42　滚动内容互动属性

　　至此，案例中的滚动内容互动效果制作完成，我们可以在本地预览案例的效果，也可以直接发布 H5 新媒体作品。

　　在这里，我们展示一下 H5 数字作品案例的最终效果和二维码，可以使用手机微信中的"扫一扫"功能，扫描二维码进行案例效果的浏览，如图 6 - 4 - 43 所示。

（三）滚动内容互动效果应用

　　滚动内容互动效果是数字作品中比较常见的效果，可以向用户展示更多内容，提升数字内容页面的完整性，使用户不必转到下一页去观看更多内容，多用在产品介绍、企业宣传、招生招聘等多种场景中，用户通过向上滑动手势即可观看全部的文字内容。

图 6 - 4 - 43　案例的最终效果和二维码

六 // **滑线动画互动效果制作**

（一）滑线动画互动效果简介

　　滑线动画是飞翔中与图像序列相似的一组互动效果，由多组图像序列互动效果组成。制作完成后，用户通过手指拖动滑杆，可观察画面中物体动态变化的每一个环节和进程，这一互动效果使数字作品中呈现的元素更加逼真和形象。在数字作品中，用户可以通过"拖动滑杆—观看动画"的方式实现与作品的深度交互。

滑线动画

　　如图 6 - 4 - 44 所示，页面中"丑小鸭"的画面就是使用滑线动画互动效果来展示的。在画面中，滑动页面中"小鸭子"滑线动画互动的滑杆，就能看到丑小鸭变成白天鹅的整个过程。

（二）滑线动画互动效果制作

　　滑线动画互动效果主要由制作滑线动画资源包、创建滑线动画、设置滑线动画互动属性三个步骤组成。

1. 制作滑线动画资源包

　　由于滑线动画互动效果是由多组图像序列互动效果组成的，因此"滑线动画资源

图 6 - 4 - 44　滑线动画互动效果示例

包"是由多个文件夹组成的，每个文件夹里均是一组序列图。

　　同图像序列一样，序列图的来源有多种，可以是摄影师按顺序一帧帧拍摄所得，也可以是使用设计和动画制作软件，如 Photoshop、Animate、3D Max 等工具制作出的帧图。制作完成后的帧图，需要按顺序命名并放入同一个文件夹中，如图 6 - 4 - 45、图 6 - 4 - 46、图 6 - 4 - 47、图 6 - 4 - 48 所示。

图 6 - 4 - 45　放入文件夹（一）

2. 创建滑线动画

　　在创建好的版面内，点击互动选项卡中的"滑线动画"按钮，弹出"滑线动画"对话框，选中事先准备好的滑线动画资源包，点击"确定"，将滑线动画排入版面中，如图 6 - 4 - 49、图 6 - 4 - 50 所示。

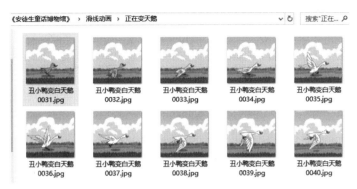

图 6 - 4 - 46 放入文件夹（二）

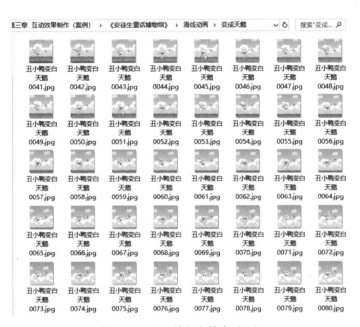

图 6 - 4 - 47 放入文件夹（三）

变成天鹅　　　　丑小鸭　　　　正在变天鹅　　　拖动图标.png

图 6 - 4 - 48 放入文件夹（四）

3. 设置滑线动画互动属性

滑线动画互动效果中，滑杆上的图标是可以更改的，可以选择与数字作品场景、风格更加契合的元素作为滑杆的显示效果。更改滑杆图标的方法是，选中滑线动画，在互动属性浮动面板中，对滑线动画的属性进行设置，如图 6 - 4 - 51 所示。

图 6 - 4 - 49　插入滑线动画

图 6 - 4 - 50　选择文件夹

在互动属性中，点击加载滑线图标，弹出对话框，选中需要的图标即可完成设置，如图 6 - 4 - 52、图 6 - 4 - 53 所示。

在这里，也对滑线动画互动属性中的其他参数进行简要说明。

节点数指的是滑线动画包含的文件夹的序列数字，可以选择特定节点进行设置。

节点名称可以用来给各个节点命名，便于用户在阅读时寻找想要的图片。

节点位置可以设置不同节点在滑轨上的位置，从而控制播放速度。

节点加载 MP3 文件指的是每个节点可加载 MP3 格式的音频文件并自定义图标，配合配音提升用户的阅读体验。

播放单个/全部节点组指的是自动播放或点击滑动位置进行播放时，滑线动画的播

图 6 - 4 - 51 滑线动画互动属性

图 6 - 4 - 52 选择滑线图标

放方式。

当用户用手拖动节点时，即可看到图片逐一变换的动态效果。

至此，滑线动画互动效果制作完成，我们可以在本地预览案例的效果，也可以直接发布 H5 新媒体作品。

在这里，我们展示一下 H5 数字作品案例的最终效果和二维码，可以使用手机微信中的"扫一扫"功能，扫描二维码进行案例效果的浏览，如图 6 - 4 - 54 所示。

图 6 - 4 - 53 完成设置

图 6 - 4 - 54　案例的最终效果和二维码

（三）滑线动画互动效果的应用

滑线动画互动效果主要解决的是过程动画的展示与交互的问题，一般应用在需要呈现动态变化过程的场景中，如小鸡出壳、丑小鸭变白天鹅、毛毛虫变蝴蝶、种子长成大树等。这一效果完整地展现了事物变化的过程，伴随用户的手指交互，起到了增强数字作品的交互性，使内容或对象呈现更加形象、事件过渡更自然、用户体验更强的作用。

七 ‖ 图片对比互动效果制作

（一）图片对比互动效果简介

图片对比互动效果由两张图片组成，用户可以通过拖动滑杆查看同一事物前后的对比。这一互动效果主要用于同一事物、同一角度、不同时期两个场景前后的变化情况的展示，多用于自然景观、同一人物不同时期的对比等场景。

如图 6 - 4 - 55 所示，页面载入时可呈现皇帝着装前和着装后的对比图片，增加数字作品的趣味性。

（二）图片对比互动效果制作

点击互动选项卡中的"图片对比"按钮，弹出"创建图片对比"对话框，如图 6 - 4 - 56、图 6 - 4 - 57 所示。

图 6 - 4 - 55 图片对比互动效果示例

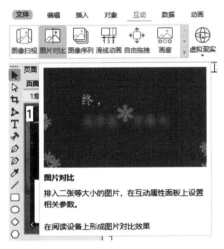

图 6 - 4 - 56 创建图片对比 (一)

图 6 - 4 - 57 创建图片对比 (二)

点击"图片预览"右侧的"添加"按钮，选择两张尺寸相同的图片，如图 6 - 4 - 58 所示，点击"确定"按钮，完成图片对比的创建。

在版面上准备放置图片对比的位置上点击鼠标右键，即可将图片对比互动组件排入页面的相应位置。排入后，即会弹出互动属性浮动面板，可对此图片对比互动效果的互动属性进行设置，如图 6 - 4 - 59 所示。

在此窗口中，初始显示比例是指在图像框中设定两张图片各自的显示比例，并以此确定阅读设备上拖动杆的初始位置；对比方向提供水平对比和垂直对比两种设置；对比分界线是指在两张图差异较小、对比不明显时，需提供分界线图标，这里可以使用默认的对比分界线，也可以自定义对比分界线。

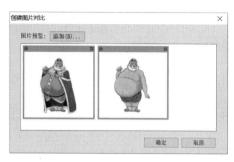

图 6-4-58　完成创建　　　　　　　　图 6-4-59　图片对比互动属性

至此，图片对比互动效果制作完成，我们可以在本地预览案例的效果，也可以直接发布 H5 新媒体作品。

在这里，我们展示一下 H5 数字作品案例的最终效果和二维码，可以使用手机微信中的"扫一扫"功能，扫描二维码进行案例效果的浏览，如图 6-4-60 所示。

图 6-4-60　案例的最终效果和二维码

（三）图片对比互动效果的应用

图片对比互动效果是飞翔的特色互动效果之一，其应用范围非常广泛，主要用在体现事物变化的场景中，比如新旧对比、场地对比、人物对比等，甚至可以设置答案隐藏、答案揭晓的交互。只要是同一维度的事物，就可以使用图片对比来呈现，这一互动效果可以增强数字作品的趣味性，提高用户的参与度，为用户带来较好的阅读体验。

八 ///　擦除互动效果制作

(一) 擦除互动效果简介

擦除互动效果是将图片设置为可擦除图片，类似于"刮刮乐"的效果，可以在擦除完成之后显示下面的内容，并且可以设置需要被擦除的互动素材的"不透明度""擦除半径"和"图片消失"比例，配合作品设置丰富的互动效果，增加用户的参与感。

如图 6-4-61 所示，页面中"小男孩打电话"图片设置了擦除互动效果。在阅读终端上，用户可以按照提示擦除"小男孩"的眼泪，呈现出"长大后"的样子，"擦除"互动效果很好地呈现了内容，提升了用户的交互体验。

图 6-4-61　擦除互动效果示例

(二) 擦除互动效果制作

擦除互动效果的制作主要有创建擦除互动效果和设置擦除互动属性两个步骤。

1. 创建擦除互动效果

点击互动选项卡中的"擦除"按钮，如图 6-4-62 所示。

图 6-4-62　插入擦除互动

在弹出的"打开"对话框中，选择需要插入的图片，点击"打开"插入选中的图片，如图 6-4-63 所示。在版面中点击任意位置，可将插入的擦除互动效果图片排入版面。

图 6-4-63　选择图片

2. 设置擦除互动属性

图 6-4-64　擦除互动属性

选中"小男孩"图片，点击右侧浮动面板列表中的"互动属性"，弹出擦除互动属性浮动面板。可以设置"不透明度""擦除半径"和"图片消失"比例。不透明度默认选择 100％；擦除半径一般设置为 30～60px，本案例设置为 40px；图片消失是指擦除图片相应百分比后图片随即消失，不需要全部擦除干净，可根据作品内容来选择，本案例勾选图片消失，设置百分比为 5％，如图 6-4-64 所示。

至此，案例中擦除互动效果制作完成，我们可以在本地预览案例的效果，也可以直接发布 H5 新媒体作品。

在这里，我们展示一下 H5 数字作品案例的最终效果和二维码，可以使用手机微信中的"扫一扫"功能，扫描二维码进行案例效果的浏览，如图 6-4-65 所示。

（三）擦除互动效果的应用

擦除互动效果主要支持用户进行作品中图片素材的擦除操作，增强用户的参与感，实现"擦除云雾""擦除眼泪""擦除伤痕"等效果，提升作品互动效果的丰富性和趣味性。

图 6 - 4 - 65　案例的最终效果和二维码

九 ‖ 图文框互动效果制作

（一）图文框互动效果简介

图文框互动效果支持用户在阅读设备上录入文字或者手绘图形，设置占位背景图，并且支持对手绘参数线宽、不透明度和颜色进行设置，对输入法的字号大小进行设置，用户可以自定义输入和手绘内容进行展示和传播。

如图 6 - 4 - 66 所示，页面中"春"字为图文框互动效果，用户可以通过触摸屏幕手绘"春"字，练习书法，提升交互体验。

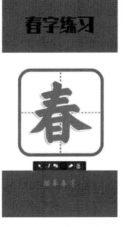

图6 - 4 - 66　图文框互动效果示例

（二）图文框互动效果制作

图文框互动效果的制作主要有创建图文框互动效果、设置图文框互动属性两个步骤。

1. 创建图文框互动效果

新建版面，插入背景图片、"春"字练习和描摹"春"字的文字块后，点击互动选项卡中的"图文框"互动效果，如图 6-4-67 所示。在弹出的"创建图文框"对话框中勾选"手写"，点击"浏览"选择图文框占位图，插入占位图片，点击"确定"，如图 6-4-68 所示，完成图文框创建。

图 6-4-67　插入图文框

图 6-4-68　创建图文框

2. 设置图文框互动属性

图 6-4-69　图文框互动属性

选中"图文框"，点击右侧浮动面板列表中的"互动属性"，可以设置图文框互动属性，如图 6-4-69 所示。

在这里我们简单地介绍一下图文框的互动属性设置，图文框有手写和输入法两种录入方式，默认按照创建时选择的方式设置。手写方式支持设置浏览作品时默认的线效果，包括线宽、不透明度、颜色。输入法模式可以设置字号大小，以及输入文字前输入框内的默认示例文。此案例我们选择手写，线宽设置为 20px，不透明度设置为 100%，颜色设置为绿色。

至此，案例中的图文框互动效果制作完成，我们可以在本地预览案例的效果，也可以发布 H5 新媒体作品。

在这里，我们展示一下H5数字作品案例的最终效果和二维码，可以使用手机微信中的"扫一扫"功能，扫描二维码进行案例效果的浏览，如图6-4-70。

图6-4-70　案例的最终效果和二维码

（三）图文框互动效果的应用

图文框互动效果支持手绘或者输入自定义内容，常用在签名、描摹汉字、输入祝福语等场景，与弹出内容、合成图片等互动效果结合使用，支持用户对手绘或输入内容进行展示和分享，提升用户的阅读和交互体验。

＋ 合成图片互动效果制作

（一）合成图片互动效果简介

合成图片互动效果是指将版面内选中的对象转为合成图片，通过按钮执行，合成之后支持用户在阅读终端长按保存生成的图片，并且支持设置关闭合成图片按钮和保存文字提示，图标及文字的内容与位置支持自定义。可作为"合成图片"的元素包含：图片、文字块、图片对比、图像序列、自由拖拽、画廊、按钮、文本、单选、复选、照片、列表、微信头像、昵称、接力计数、计时器、数据按钮。

如图6-4-71所示，页面中除"保存图片"按钮之外，全部设置为"合成图片"。在阅读终端上，用户可以点击"保存图片"按钮合成图片，并且支持长按保存并分享到朋友圈，合成后的图片包含本作品二维码，其他用户同样可以通过扫码来致敬和分享。合成图片互动效果提升了用户的交互体验，发挥了H5新媒体作品在宣传营销方面的优势。

图 6-4-71　合成图片互动效果示例

（二）合成图片互动效果制作

合成图片互动效果的制作主要有创建合成图片互动效果、设置合成图片互动属性和添加按钮动作三个步骤。

1. 创建合成图片互动效果

将各类对象排入版面后，选中页面内需要转成合成图片的素材，包含背景图片、云彩、文字内容、接力计数、医护人员图片及二维码，点击互动选项卡中的"转合成图片"按钮，如图 6-4-72 所示。

图 6-4-72　转合成图片

2. 设置合成图片互动属性

选中合成图片组件，点击右侧浮动面板列表中的"合成图片"，在弹出的合成图片浮动面板中可以设置合成图片属性，如图 6-4-73 所示。

合同图片的属性设置包括以下几项。

合成列表：类似弹出内容，转为合成图片的对象也将显示在合成列表中。通过浮动面板可以控制对象的显示、隐藏、图层顺序调整，以及添加、释放对象。

返回按钮：合成图片后，若还需要返回原页面继续下一步操作，可以添加"返回按钮"。飞翔提供默认图片，右键可以替换为自定义图片，同时还可以定义图片的

图6-4-73　合成图片浮动面板

位置。

提示文本：可以设置字号和颜色，还可以定义文本位置，一般内容为"长按保存图片"。本案例不进行设置。

3. 添加按钮动作

插入"保存图片"按钮对象，在按钮浮动面板点击"添加动作"，选择"执行合成图片"，如图6-4-74所示。

图6-4-74　设置按钮执行合成图片动作

至此，案例中的合成图片互动效果制作完成，我们可以在本地预览案例的效果，也可以发布H5新媒体作品。

在这里，我们展示一下H5数字作品案例的最终效果和二维码，可以使用手机微信中的"扫一扫"功能，扫描二维码进行案例效果的浏览，如图 6-4-75 所示。

图 6-4-75　案例的最终效果和二维码

（三）合成图片互动效果的应用

合成图片互动效果主要支持将选中的素材合成为一张图片，将其保存至手机，并支持用户分享到微信朋友圈等平台，使用户有很强的参与感。它还可以满足一些用户无法实现的想法，比如生成一张自己的专属海报、制作专属自己的形象等。合成图片互动效果应用广泛，经常与微信头像、微信昵称、画廊、接力计数等互动效果配合使用，可以使新媒体作品有着非常好的传播效果。

十一　逻辑事件互动效果制作

（一）逻辑事件互动效果简介

逻辑事件互动效果与按钮的执行动作类似，都是可以触发一定操作的互动效果，但其触发方式与按钮不同，按钮是在操作按钮后进行条件判断，然后执行动作；而逻辑事件是在一些页面或互动的状态发生变化时，进行条件判断，然后执行动作。这一互动效果丰富了互动体验，可以让用户的交互结果有更多的可能性。常见的倒计时归零、计数器扣分归零时结束游戏，都可以使用逻辑事件实现。

如图 6-4-76 所示，在页面中成功完成拼图后，将出现动物复原的解锁奖励，这一效果就是通过逻辑事件完成的，在自由拖拽结束后进行动作的执行。

图 6 - 4 - 76　逻辑事件互动效果示例

（二）逻辑事件互动效果制作

逻辑事件互动效果主要由排入互动对象、设置逻辑事件两个步骤组成。

1. 排入互动对象

新建文件后，按照内容和版式设计，将各个页面的内容排成完整的版面。在此案例中，我们要制作的是一个拼图效果，所以我们以自由拖拽的形式，将拼图所需的图片插入版面中，希望实现移动图片完成拼图的互动效果。同时为了判断拼图是否按照正确的位置摆放，我们还需在画面上放置四张透明的 PNG 图片用于对象接触的判断，如图 6 - 4 - 77 所示。

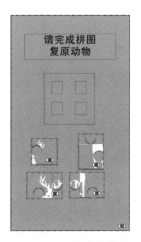

图 6 - 4 - 77　完成版式布局

依次选择四个自由拖拽对象，在互动属性浮动面板中，设置自由拖拽的互动属性为不允许缩放、不允许旋转，保证进行自由拖拽操作时拼图效果不会发生变化。另外，为了方便在接下来的设置中找到对应的对象，我们需要在对象管理浮动面板中，将自由拖拽和用于确认位置的透明图片从左至右、从上至下分别命名为自由拖拽 1、自由拖拽 2、自由拖拽 3、自由拖拽 4，以及 1、2、3、4，如图 6-4-78 所示。

2. 设置逻辑事件

接下来设置逻辑事件。设置逻辑事件的方式和设置自定义按钮动作类似，选中要操作的对象，点击"互动→逻辑事件"（图 6-4-79），或点击逻辑事件浮动面板上的 按钮添加逻辑事件，在弹出的自定义逻辑事件设置窗口中进行设置。

图 6-4-78 通过对象管理重命名对象

图 6-4-79 添加逻辑事件

自定义逻辑事件和自定义按钮动作窗口都分为基本信息、触发条件、动作设置三个选项卡，如图 6-4-80、图 6-4-81、图 6-4-82 所示，可以设置事件名称方便查找，且触发条件和动作设置功能基本一致，只是基本信息有一些不同。在自定义按钮动作的基本信息选项卡中可以设置如何操作按钮、操作按钮后按钮外观发生什么变化，而逻辑事件是选择一个触发时机，如图 6-4-83 所示。

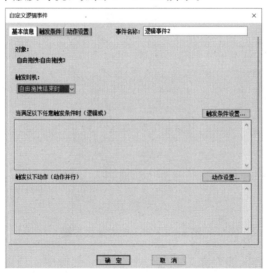

图 6-4-80 自定义逻辑事件基本信息

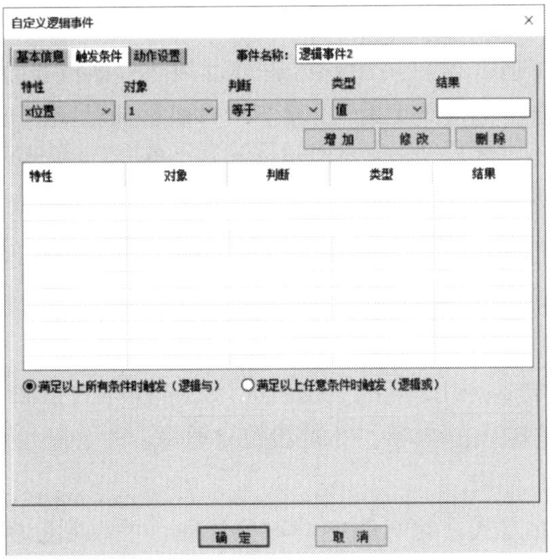

图6-4-81　自定义逻辑事件触发条件

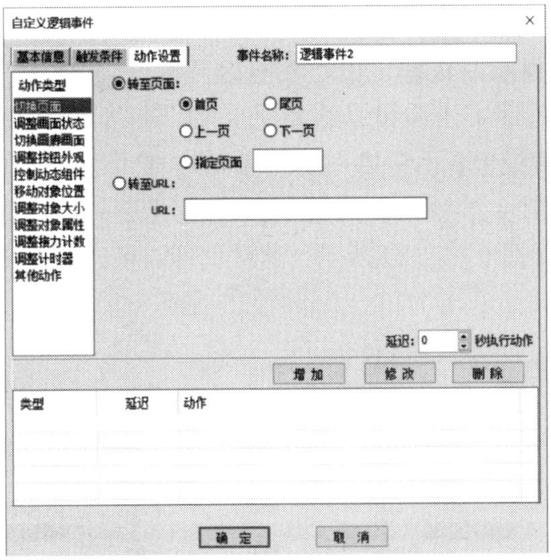

图6-4-82　自定义逻辑事件动作设置

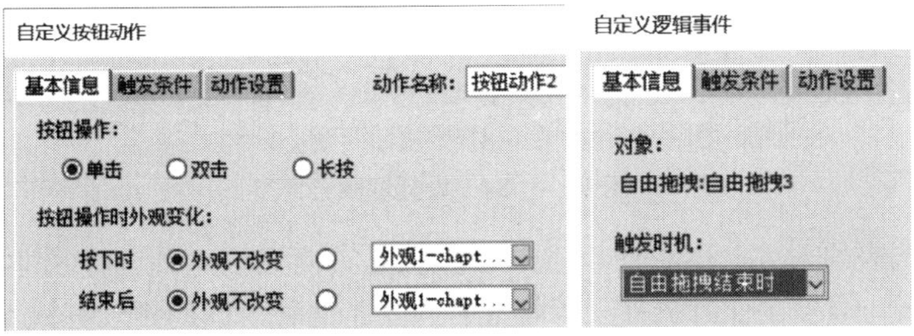

图6-4-83　自定义按钮动作与自定义逻辑事件对比

首先我们选中任意一个自由拖拽对象，创建自定义逻辑事件。在此案例中，我们想要的效果是通过自由拖拽摆放拼图，然后进行判断，摆放正确即可触发结果，所以我们选择的时机是"自由拖拽结束时"。除了"自由拖拽结束时"之外，根据选择对象的不同，还可以设置"音频播放时""视频播放后"等，若不选择任何对象，添加逻辑事件时默认选择"载入页面时"，即刚一进入当前页面就进行判断，并执行动作。

切换到触发条件面板，我们需要添加条件，因为必须保证四个自由拖拽的拼图放在了正确的位置，才能执行动作，所以我们要设置条件。条件分为五个选项，分别是特性、对象、判断、类型、结果。

特性代表判断的方式，如此案例中我们选择的对象是否接触，还有对象是否可见、对象的位置、数据文本输入的内容、计时器的时间等。

对象就是被判断的对象。

判断指的是判断的方式，此案例中的对象接触，可以判断接触，也可以判断不接触；和接力计数数值的对比，可以判断大于、小于或等于等。

类型指的是判断比较的类型，有对象、数值等选项，我们需要选择合理的判断类型，如对象接触，因为被判断的对象肯定是要去接触另一个对象，而不是一个数值。

结果指的是最终判断的依据，如对象接触"谁"、数值等于"几"、内容是"什么"，这里的"谁""几""什么"就是结果。

此案例中我们需要设置自由拖拽1接触对象1、自由拖拽2接触对象2、自由拖拽3接触对象3、自由拖拽4接触对象4，完成条件选择后一定要点击"增加"按钮，将条件增加到列表中，如图6-4-84所示，这样就可以保证只有全部拼图按照正确的位置摆放才能执行动作。

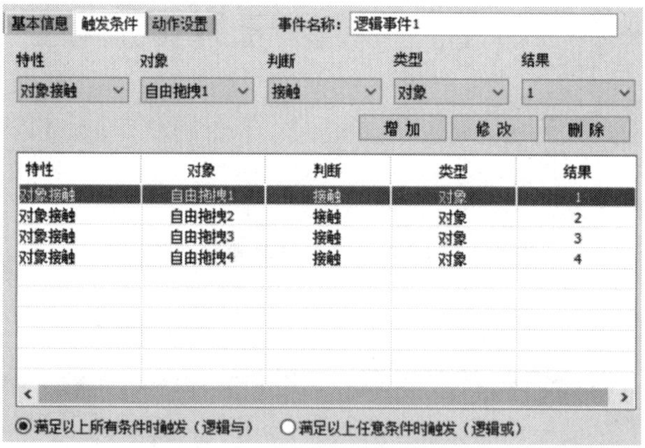

图6-4-84 设置逻辑条件

在条件列表的下方，还有两个选项，分别是"满足以上所有条件时触发（逻辑与）""满足以上任意条件时触发（逻辑或）"。这是两种不同的判断方式，前者是指必须保证列表中的所有条件都满足时才会触发动作，而后者是任意满足，不管几条，只要有一条满足即可触发动作。

接下来我们设置动作。在此案例中，我们把奖励的结果放在了后一页，所以直接设置动作为"切换页面→转至页面→下一页"，如图 6-4-85 所示。点击"增加"按钮将动作添加到动作列表中，为了避免拼图移动完的一瞬间直接发生翻页，可以为动作设置延迟时间，点击"确定"保存。

图 6-4-85 设置逻辑条件

由于我们不清楚用户会以什么样的顺序完成拼图，最终移动哪一块，所以我们需要为每一个自由拖拽对象都添加相同的逻辑事件，添加后可以在逻辑事件浮动面板上将鼠标悬停在条件上，核对 tips 内容显示的逻辑事件内容是否正确，有问题及时进行修改，如图 6-4-86 所示。

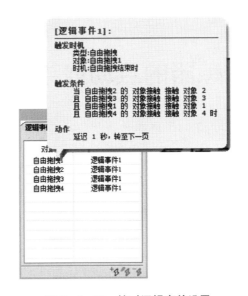

图 6-4-86 核对逻辑事件设置

至此，案例中的逻辑事件互动效果制作完成。我们可以在本地预览案例的效果，也可以发布 H5 新媒体作品。

在这里，我们展示一下 H5 数字作品案例的最终效果和二维码，可以使用手机微信中的"扫一扫"功能，扫描二维码进行案例效果的浏览，如图 6-4-87 所示。

（三）逻辑事件互动效果的应用

逻辑事件互动效果主要用于实现当版面达到某种状态时，触发执行动作的效果。

图6-4-87 案例的最终效果和二维码

常见的效果有互动视频、拼图游戏、叙事动画、游戏计分计时等，可以配合自定义按钮动作实现多元组合交互，提升了数字作品的趣味性、结果的多元性。

第五节 基于传感器的互动效果制作

在第三、第四节中，我们学习了融媒体展示和触摸屏操作相关的互动效果制作，对于有着特殊交互需求的H5作品，虚拟现实和数据服务非常重要，本节我们将重点介绍"虚拟现实"和"照片"这两个互动效果。

一 虚拟现实互动效果制作

（一）虚拟现实互动效果简介

虚拟现实效果是指在作品中模拟真实的全景环境，伴随着人和手机共同旋转角度，视角也会发生变化，使读者有一种沉浸感，提高用户的参与感，塑造"身临其境"的感觉。从科技的角度来讲，虚拟现实能够给人们带来触觉、味觉、嗅觉、运动感等不同维度的沉浸感，我们通过飞翔制作的虚拟现实互动效果主要是利用移动设备的重力感应传感器，营造出视觉上的沉浸感。

如图6-5-1、图6-5-2所示，这是在不同角度和重力感应下呈现出的景物的全貌。

图 6-5-1 虚拟现实互动效果示例（一）

图 6-5-2 虚拟现实互动效果示例（二）

（二）虚拟现实互动效果制作

虚拟现实互动效果在飞翔中是一次创建完成的，所以主要实现步骤由前期素材准备和创建虚拟现实两部分组成。

1. 前期素材准备

首先我们需要准备虚拟现实的素材，飞翔支持通过三种方式创建虚拟现实效果。如果我们有全景相机，那么可以直接拍摄 720°的球面全景图片；如果我们没有全景相机，也可以使用手机的全景图拍摄功能，拍摄一张 360°的平面全景图片；另外也可以通过普通的相机设备拍摄上、下、左、右、前、后六个角度的图片，这样即使我们没有全景相机设备也能够制作一个 720°的虚拟现实互动。

2. 创建虚拟现实

在飞翔中创建好版面后，点击互动选项卡下的"虚拟现实"按钮，如图 6-5-3 所示，弹出"创建虚拟现实"对话框。

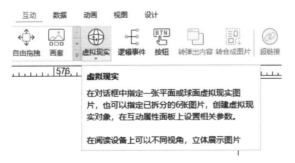
图 6-5-3 创建虚拟现实

这个案例中我们准备的是通过全景相机拍摄的全景图片，所以我们选择创建的方式是"一张图"。点击"图片预览"右侧的"浏览"按钮，选择准备好的全景图片，将其导入到文件中，如图 6-5-4、图 6-5-5 所示。

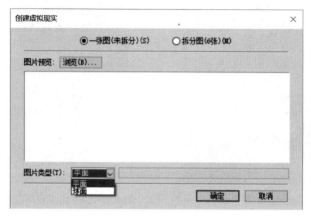

图 6-5-4　创建虚拟现实对话框

图 6-5-5　选择全景图片

　　点击"打开"确认选择的图片后，我们会看到图片类型已自动识别为球面或平面，这里一般情况下我们无须修改，若软件识别有误也可以根据我们掌握的情况自行修改。在这里我们解释一下什么是球面和平面。球面对应的是用全景相机拍出来的 720° 全景图片，而平面对应的是用普通相机拍出来的 360° 全景图片。360° 全景图片通常是由拍摄者沿"X 轴"横向转动设备采集画面拍摄出来的，720° 全景图片相当于在此基础上，增加了一个 360° 的"Y 轴"。用通俗的话来描述，360° 全景图片记录的是我们左右转圈看到的景象，720° 全景图片则在我们转圈看到的角度的基础上，增加了抬头和低头看的角度。所以，我们在观看使用球面全景图制作的虚拟现实互动效果的时候可以看到各个角度，而使用平面全景图时，上下部分没有内容，只能左右查看。

　　在"创建虚拟现实"对话框中，点击"确定"按钮，在版面点击任意位置即可插入虚拟现实互动对象，然后将对象调整至合适的位置、大小，如图 6-5-6 所示。

　　至此，虚拟现实互动效果制作完成，我们可以在本地预览案例的效果，也可以直接发布 H5 新媒体作品。

图6-5-6　将虚拟现实排入版面

在这里，我们展示一下H5数字作品案例的最终效果和二维码，可以使用手机微信中的"扫一扫"功能，扫描二维码进行案例效果的浏览，如图6-5-7所示。

图6-5-7　案例的最终效果和二维码

（三）虚拟现实互动效果的应用

虚拟现实互动效果多用于自然风景、新闻现场、时尚体验、线上展馆的展示。运用这个功能，用户可以拥有"裸眼VR"的体验。在一些需要多角度全面展示场景的情况下，运用虚拟现实互动效果可以增强用户的沉浸感，提升数字作品的感染力。

三 ‖ 照片互动效果制作

（一）照片互动效果简介

虚拟现实会运用到手机的重力感应传感器，照片互动效果则会运用到移动设备的相机。发展到今天，相机作为移动设备最重要的配件之一，配合程序具有了很多的应用场景，比如扫描二维码、人脸识别等，在飞翔中相机的主要应用场景还是拍摄，如可以将拍摄的照片作为 H5 的内容上传提交、合成图片、转发分享。

如图 6-5-8 所示，我们可以在作品中拍摄并上传照片，和作品预设好的边框一起合成头像图片。

图 6-5-8 照片互动效果示例

（二）照片互动效果制作

照片互动效果的制作主要由创建照片互动、设置互动属性两个步骤组成。

1. 创建照片互动

新建好版面后，将背景、文字等版式内容排入版面，点击数据选项卡中的"照片"按钮，如图 6-5-9 所示。在版面中点击任意位置将"照片"互动对象排入版面，并移动至合适位置。

图 6-5-9 创建照片互动

2. 设置互动属性

打开浮动面板列表中的互动属性浮动面板，如图 6-5-10 所示，对照片控件的互动属性进行定义，具体有以下属性：

是否必填主要用于问卷表单的收集，若选择必填，则通过数据提交按钮上传数据时会弹出完成必填项提醒。

勾选照片展示选项表示在浏览器端可以上传、替换照片并在占位区域内展示照片；

不勾选表示占位区域内不展示上传、替换的照片，只在内容上传时同步上传照片。

展示形状提供圆形和方形两种形状，本案例中使用方形。

占位图代表拍摄上传照片之前，照片控件默认显示的图片。

关联是数据服务功能的一项特色功能，它可以实现不同的控件显示相同内容的效果，关联的对象位置将显示被关联的对象内容。

这样照片互动效果就制作完成了，为了完整地完成这个作品，我们还需要将覆盖在照片对象上层的头像框图片，通过对象管理浮动面板转为可穿透对象，如图 6-5-11 所示。同时选中头像框和照片转为合成图片，再将按钮设置为执行合成图片动作，即可完成作品。

图 6-5-10　照片互动属性　　　图 6-5-11　通过对象管理浮动面板设置对象穿透性

至此，照片互动效果制作完成，我们可以在本地预览案例的效果，也可以发布 H5 新媒体作品。

在这里，我们展示一下 H5 数字作品案例的最终效果和二维码，可以使用手机微信中的"扫一扫"功能，扫描二维码进行案例效果的浏览，如图 6-5-12 所示。

图 6-5-12　案例的最终效果和二维码

（三）照片互动效果的应用

照片互动效果经常用在问卷、表单、贺卡等场景中，除了直接使用摄像头拍摄外，也可以直接选取本地相册的图片。在非数据收集类的 H5 作品中，上传照片的互动能够有效地提升读者在浏览 H5 作品时的参与感，为用户带来较好的阅读体验。

第六节 基于数据交互的互动效果制作

在上一节的最后，我们学习了照片互动效果的制作，实际上照片互动效果不仅能调用移动设备的传感器，还能以数据关联的形式呈现当前文件内通过其他照片互动控件上传的图片，或转发来源用户在阅读时上传的图片。在飞翔中，有一类可以改变内容数据，和平台进行数据通信，上传下载数据的功能，我们称之为数据交互。

一 表单互动效果制作

（一）表单互动效果简介

表单互动效果主要包含文本、单选、复选、照片、列表五项内容，以及用来收集表单信息的数据按钮。文本主要实现表单文字内容数据的收集，例如姓名、手机号、住址、单位名称等；单选为制作单选题，支持进行选项的数据收集，例如性别、满意度、职称等；复选为制作多选题，支持进行选项的数据收集，例如获取信息途径、交通方式等；照片为实现照片数据的上传和提交，例如头像、书法绘画作业等；列表为制作下拉列表式的选择项，例如部门、学历等；数据按钮为数据信息提交按钮，可实现以上数据控件信息的提交，用户提交的数据可以在飞翔 H5 云服务平台的作品管理后台查看。表单互动效果主要用于数据收集或者答题测试类的作品中。

如图 6-6-1 所示，作品为活动报名信息收集页面，页面中"姓名""企业名称""电话号码"为文本控件，支持用户填写相关信息，"提交"为数据按钮控件，用于将所填信息提交至后台，支持主办方收集信息进行审核联络。添加表单互动效果可以实现用户报名和信息统计。

图 6-6-1 表单互动效果示例

（二）表单互动效果制作

表单互动效果的制作主要有创建表单、设置表单互动属性、创建数据按钮和设置数据按钮互动属性四个步骤。

1. 创建表单

新建版面排入素材后，在文字"姓名""企业名称""电话号码"后面的位置插入文本控件，点击数据选项卡中的"文本"，如图 6-6-2 所示。在版面中点击任意位置将控件插入版面，并调整文本控件大小、位置。

图 6-6-2 插入文本控件

2. 设置表单互动属性

为了方便查找与设置，我们可以在对象管理浮动面板或互动属性浮动面板中对三个文本控件进行命名。文本控件支持进行字号、颜色、粗斜体、对齐方式的文字样式设置，以及是否必填、提示文本、输入限制、长度限制、边框样式、数据关联的设置。输入内容可以限制为中文、英文、数字、电子邮件、日期、文本域。本案例中的"姓名""企业名称"文本控件可以按照图 6-6-3 所示效果进行设置，"电话号码"文本控件可以设置输入限制为"数字"，长度限制为手机号码的 11 位。

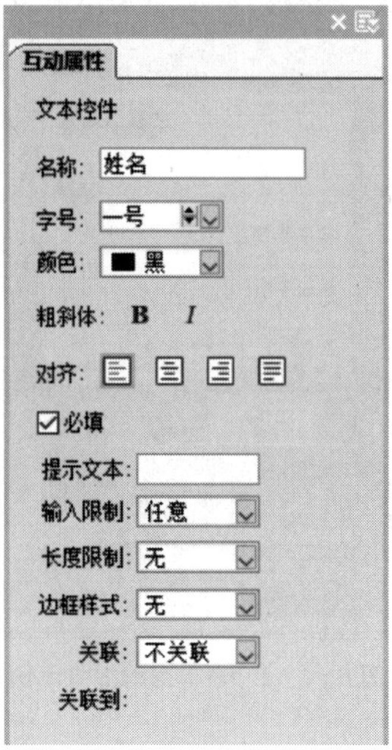

图 6 - 6 - 3　文本控件互动属性

3. 创建数据按钮

点击数据选项卡中的"数据按钮"，如图 6 - 6 - 4 所示，在版面中点击任意位置插入互动对象，使用选取工具调整"数据按钮"控件的大小、位置。

图 6 - 6 - 4　插入数据按钮

4. 设置数据按钮互动属性

选中互动对象，点击右侧浮动面板列表中的"互动属性"，弹出互动属性浮动面板。在互动属性浮动面板中，可以为按钮命名，设置提交内容、提交方式、提交确认文字、提交后动作，如图 6 - 6 - 5 所示。控件列表会罗列整个作品中所有页面的数据控件，因此我们可以实现多页表单填写最终统一提交的效果，在本案例中我们默认全选所有内容提交。若不勾选重复提交，则每个设备只能提交一次，勾选后可任意提交。在提交内容后我们可以在"确认文字"输入框内填写想要提示的内容，若不想弹出提示，可以清空内容。另外如果不想用系统默认的提示框，也可以通过设置"提交后动作"的方式，转至指定页面或弹出设计好的弹出内容。

我们还可以选中按钮外观，右键点击"替换图像"替换按钮外观，如图 6 - 6 - 6 所示。

图 6-6-5　数据按钮互动属性　　　　　图 6-6-6　替换按钮外观

在弹出的对话框中，选择需要替换按钮的图片，点击"打开"替换按钮的外观图片，如图 6-6-7 所示。

图 6-6-7　选择按钮外观图片

至此，案例中的表单互动效果制作完成，我们可以在本地预览案例的效果，也可以发布 H5 新媒体作品。

在这里，我们展示一下 H5 数字作品案例的最终效果和二维码，可以使用手机微信中的"扫一扫"功能，扫描二维码进行案例效果的浏览，如图 6-6-8 所示。用户可以填写自己的信息进行活动报名，在"方正飞翔云服务"平台可以查看收集到的用户数据，并下载相应的 Excel 表格，进行数据统计和分析。

图6-6-8 案例的最终效果及二维码

5. 其他表单互动效果的制作

除了案例中使用的文本功能外，飞翔还提供单选、复选、列表等表单互动效果。创建方式和文本控件相同，点击数据选项卡中的功能按钮，在版面任意位置点击即可将其插入版面。

单选与复选的互动属性设置相同，如图6-6-9所示。支持设置字号、颜色、粗斜体的文字样式，以及是否必填、选项文字、边框样式和数据关联。选项内容有两种添加方式，一种是点击"增加"按钮，在弹出的对话框中输入选项内容，点击"确定"即可；另一种是直接在选项列表中双击空白条目，输入内容后增加。同样，修改选项条目也是类似的两种方式，选中条目点击"修改"按钮在弹出的对话框内修改，或直接双击条目修改。选中条目后可以点击 按钮调整选项顺序，或点击"删除"按钮删除条目。

图6-6-9 单选按钮互动属性

列表和单选互动效果基本一致，只是单选是将所有选项列出，而列表是将选项通过下拉列表展示，如图6-6-10所示。

图6-6-10 单选与列表的区别

在列表控件互动属性浮动面板中，增加了一项"提示文字"设置，如图6-6-11所示，可以输入提示内容。在未选择选项时，将显示设置的提示文字内容，如"请选择性别""请选择年龄"等；如未设置，则在版面上默认显示第一个选项。

图6-6-11 列表控件互动属性

（三）表单互动效果的应用

表单互动效果主要支持收集用户的信息，是新媒体作品中常见的互动形式。常见的活动报名、人员信息统计等类型的作品中都有表单的互动效果，另外表单互动效果可以与其他页面的"表单"相关联，结合其他互动效果，例如按钮高级自定义、合成图片等，可以做出丰富的互动效果。

三 // 微信头像昵称互动效果制作

（一）微信头像昵称互动效果简介

微信头像昵称互动效果实际上包括"微信头像"和"微信昵称"两个互动组件，

通常配套出现，用于获取并显示分享者或者访问者的微信形象和昵称。制作微信头像昵称互动效果，只需要选择互动功能，在版面内排入互动组件，设置数据来源，即可完成制作。微信头像昵称互动效果通常与合成图片组合使用，用来生成用户专属海报，或者模拟微信聊天场景。

如图6-6-12所示，比赛入场券制作页面中，页面中"头像""微信昵称"位置采用了微信头像昵称互动效果，支持读取访问者的微信头像和昵称，并展示在页面内，并且本案例与合成图片互动效果相结合，能够生成"大赛入场券"的海报，用户将海报分享到朋友圈后，看到海报的好友可以长按识别二维码观看本作品。

图6-6-12　微信头像昵称互动效果示例

（二）微信头像昵称互动效果制作

微信头像昵称互动效果的制作主要有创建微信头像昵称互动效果、设置微信头像昵称互动属性两个步骤。

1. 创建微信头像昵称互动效果

插入素材后，点击数据选项卡中的"微信头像"，如图6-6-13所示，在版面中点击任意位置将互动对象插入版面。接着使用同样的方式插入"微信昵称"，调整两个互动对象的位置、大小即可完成创建。

图6-6-13　插入微信头像

2. 设置微信头像昵称互动属性

选中"微信头像"互动组件，点击右侧浮动面板列表中的"互动属性"，弹出微信头像互动属性浮动面板，如图6-6-14所示。微信头像的互动属性可以设置三项内容，分别是头像来源、展示形状和占位图。头像来源可以设置"访问者"或"分享者"，"访问者"即当时浏览作品的人，"分享者"即分享海报给浏览者的用户，可以实现发送贺卡的效果，显示分享者的头像和祝福话语。飞翔默认提供一个占位图，这张图片会在未通过微信浏览作品、未授权作品读取微信头像、首次浏览无分享者的情形下显示。

以同样的方式打开微信昵称的互动属性浮动面板，可以设置昵称来源、字号、颜色、粗斜体、对齐方式，此案例我们通过图6-6-14的方式进行设置。

图6-6-14　微信头像昵称互动属性

至此，案例中的微信头像昵称互动效果制作完成，根据需要完成合成图片的设置后，我们可以在本地预览案例的效果，也可以直接发布H5新媒体作品。

在这里，我们展示一下H5数字作品案例的最终效果和二维码，可以使用手机微信中的"扫一扫"功能，扫描二维码进行案例效果的浏览，如图6-6-15所示。打开作品之后，作品会调取用户的微信头像和微信昵称，点击"点击保存图片分享"即可生成专属大赛入场券，支持分享朋友圈。

图6-6-15　案例的最终效果及二维码

（三）微信头像昵称互动效果的应用

微信头像昵称互动效果主要用于提取访问者或者分享者的头像和昵称，不少用户之间的互动和自传播，都是在添加了微信头像昵称互动效果后才得以实现的，是新媒体作品中常见的互动形式，通常会和合成图片互动效果结合使用，可以实现丰富的互动效果。

三 ‖ 接力计数互动效果制作

（一）接力计数互动效果简介

接力计数互动效果可以展示作品的访问量和浏览量，还可以实现通过按钮或逻辑事件的动作控制数值变化，多用于致敬人物、传递精神或者测试答题类的作品中。

如图 6-6-16 所示，这部关于传递北大荒精神的作品中，页面中的"0001"为接力计数互动效果，使用的数据是作品的访问量，并且与合成图片互动效果相结合，支持为用户生成"传递北大荒精神"海报，并支持分享到朋友圈，其他用户在看到海报后，也可以通过长按识别二维码观看本作品。

图 6-6-16　接力计数互动效果示例

（二）接力计数互动效果制作

接力计数互动效果的制作主要有创建接力计数互动效果、设置接力计数互动属性两个步骤。

1. 创建接力计数互动效果

插入素材后，点击数据选项卡中的"接力计数"，如图6-6-17所示，在版面上点击任意位置将互动组件插入版面，并调整接力计数互动组件的位置与大小。

图6-6-17　插入接力计数

2. 设置接力计数互动属性

选中接力计数互动组件，点击右侧浮动面板列表中的"互动属性"，弹出接力计数互动属性浮动面板，可设置字体、字号、颜色、粗斜体、对齐方式五类文字样式，以及初始位数、初始数值、计数方式、数据关联，如图6-6-18所示。

初始位数默认为4位，在版面中会显示为"0000"，若设置了"初始数值"，便会按照设置的数值显示，当初始数值大于初始位数，或浏览作品时变化的数据超过了设置的位数，会按照当前的数值显示。当制作一些涉及分数的互动游戏时，可以设置初始数值，随着游戏进度对数值进行加减。

接力计数的计数方式分为访问量、浏览量、动作控制三种。访问量代表访问了该作品的用户数；浏览量代表作品被浏览的次数，例如，一部作品被一个人看了三遍，那么它的访问量为1，浏览量为3；动作控制代表该接力计数组件的数值由按钮动作或逻辑事件动作控制，多用于互动游戏和测试的H5作品中。

本案例中的"接力计数"组件按照图6-6-18设置即可。

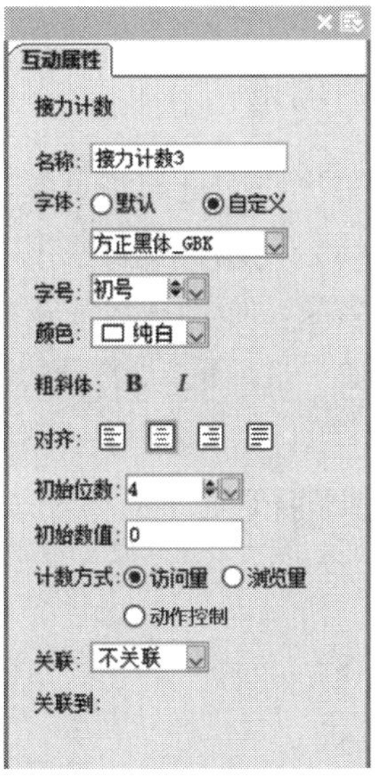

图6-6-18　接力计数互动属性

至此，案例中的接力计数互动效果制作完成，再根据需要完成合成图片的设置，我们可以在本地预览案例的效果，也可以发布 H5 新媒体作品。

在这里，我们展示一下 H5 数字作品案例的最终效果和二维码，可以使用手机微信中的"扫一扫"功能，扫描二维码进行案例效果的浏览，如图 6-6-19 所示。打开作品之后可以显示自己是第几位"点亮火炬，传递北大荒精神"的人，点击"生成海报"即可生成专属海报，支持分享朋友圈，其他用户也可以进行扫码点亮火炬，传递北大荒精神。

图 6-6-19　案例的最终效果及二维码

（三）接力计数互动效果的应用

接力计数互动效果可以调取用户访问量和浏览量，是新媒体作品中常见的互动形式，通常会和合成图片互动效果结合使用，支持生成专属的海报，引导更多用户来阅读作品，起到增加阅读分享量的效果。通过按钮或逻辑事件的动作控制接力计数也可以做出非常丰富的互动效果，例如"打地鼠""答题积分"和"知识测试"等。

四 ▓ 计时器互动效果制作

（一）计时器互动效果简介

计时器互动效果可以在版面中添加正计时或倒计时，提供不同时间单位，结合作品内容设置丰富的效果，多用于答题或者闯关类游戏中。

如图6-6-20所示，游戏中，秒表中的时间采用了计时器互动效果，"开始""恢复"均为按钮，点击"开始"按钮计时器开始计时，随即"开始"按钮变为"暂停"按钮，点击"暂停"按钮可以暂停计时，点击"恢复"按钮可以使计时器归零，重新开始。作品的目的是测试用户的反应速度和运气，使"计时器"时间停在5′0″的位置即为挑战成功。

图6-6-20　计时器互动效果示例

（二）计时器互动效果制作

计时器互动效果的制作主要有创建计时器互动效果、设置计时器互动属性、设置按钮动作三个步骤。

1. 创建计时器互动效果

新建文件并将素材排入版面后，点击数据选项卡中的"计时器"，如图6-6-21所示，在版面中点击任意位置插入互动组件，调整其位置与大小。

图6-6-21　插入计时器

2. 设置计时器互动属性

选中"计时器"互动组件，点击右侧浮动面板列表中的"互动属性"，弹出计时器互动属性浮动面板。计时器功能支持设置字体、字号、颜色、粗斜体、对齐方式的文字样式，以及计时方式、计时单位、预设时间、触发方式、翻页处理、数据关联，如图6-6-22所示。在这里我们简单介绍一下各项属性。

计时方式支持正计时和倒计时两种处理方式。

计时单位提供日、时、分、秒、毫秒五个级别的计时单位，勾选需要显示的级别，版面上会有对应显示，支持单位的自动换算，如勾选了"时"和"秒"，则在0时3 599秒后显示1时0秒，同时可以自定义单位文字，如案例中的秒和毫秒，就定义成了我们在秒表上常见的"引号"效果。

预设时间即倒计时可以设置预设时间。

触发方式提供载入时和动作控制两种方式，载入时代表进入页面后立即开始计时，动作控制代表通过按钮动作或逻辑事件动作控制计时器开始计时。

翻页处理指的是翻页时计时是否继续，通常和数据关联配合设置，用于多页的互动游戏或测试题等连续计时场景。

本案例中的计时器互动组件按照图6-6-22所示设置即可。

图6-6-22　计时器互动属性

3. 设置按钮动作

点击互动选项卡中的"按钮"，依次将"开始（暂停）""恢复"按钮插入版面中，放置在对应位置，如图6-6-23所示。

选中"开始（暂停）"按钮，打开右侧浮动面板中的按钮面板，点击 按钮，从菜单中选择"自定义按钮动作"添加动作。这里我们希望在同一个按钮上支持点击开始

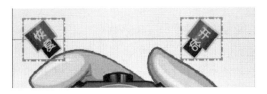

图 6 - 6 - 23　将按钮排入版面

和点击暂停两种动作，所以我们需要创建两个动作。首先我们创建点击开始计时的动作。在弹出的"自定义按钮动作"窗口中的基本信息菜单栏进行设置，我们设置"按钮操作时外观变化"中的"结束后"为"外观 2 - stop"（暂停外观）。接着设置触发条件，"特性"选择"画面状态"，"对象"选择"按钮 1"，"判断"选择"等于"，"类型"选择"画面"，"结果"选择"外观 1"（为了方便选择，我们可以在素材准备时提前命好名），点击"增加"完成设置，这样我们就确保了当按钮显示"开始"的时候，点击按钮执行的是开始计时的操作。最后在动作设置选项卡点击"调整计时器"，选择指定的计时器，勾选"时间控制"，勾选"开始计时"，点击"增加"完成设置。点击"确定"，完成第一个动作设置，如图 6 - 6 - 24 所示。

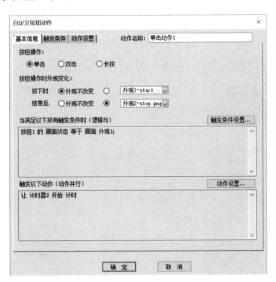

图 6 - 6 - 24　开始计时动作设置

　　同样的方式，我们再次创建一个按钮动作，这一次我们将条件设置为显示暂停外观时，点击按钮后改回开始外观，触发暂停计时的动作。在基本信息选项卡设置"按钮操作时外观变化"结束后的外观为"外观 1 - start"（开始外观）。触发条件选项卡设置"特性"选择"画面状态"，"对象"选择"按钮 1"，"判断"选择"等于"，"类型"选择"画面"，"结果"选择"外观 2"，点击"增加"完成设置。动作设置选项卡设置"调整计时器"，选择指定的计时器，勾选"时间控制"，勾选"暂停计时"，点击"增加"完成设置。点击"确定"，完成第二个动作设置，如图 6 - 6 - 25 所示。

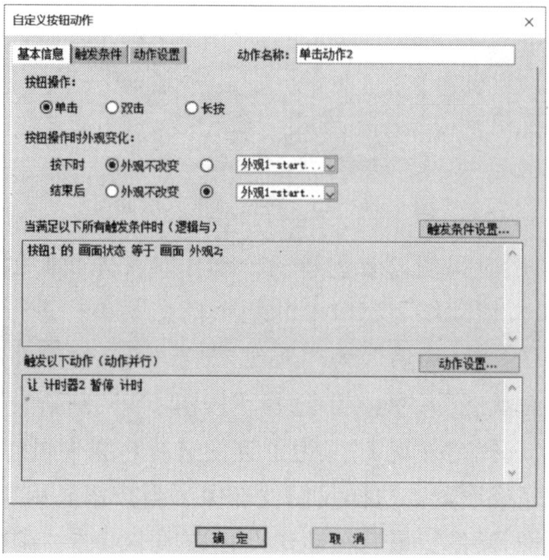

图 6-6-25　暂停计时动作设置

接着我们再对"恢复"按钮进行设置。"恢复"动作不需要任何条件，无论何时都可以进行回复，我们把动作设置准确即可。这里设计两个动作，一个是将"开始（暂停）"恢复到"开始"外观，保证再次点击时可以重新开始计时，一个是使计时器停止计时，数据归零，因此我们按照图 6-6-26 的方法设置即可。

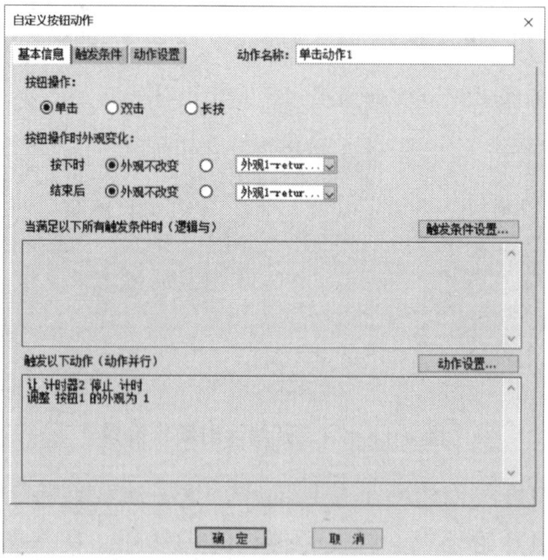

图 6-6-26　恢复计时动作设置

至此，案例中计时器互动效果制作完成，我们可以在本地预览案例的效果，也可以发布 H5 新媒体作品。

在这里，我们展示一下 H5 数字作品案例的最终效果和二维码，可以使用手机微信中的"扫一扫"功能，扫描二维码进行案例效果的浏览，如图 6-6-27 所示。打开作品之后点击"开始"按钮可以开始计时，点击"暂停"按钮可以暂停计时，点击"恢复"按钮可以将计时器重置，用户可以点击"开始""暂停"按钮，目标是使"计时器"停在 5′00″的时间，快来试试你有没有这个手气。

图 6 - 6 - 27　案例的最终效果及二维码

（三）互动效果计时器互动效果的应用

互动效果计时器常用在答题或闯关类的作品中，通过计时器与其他互动效果的结合，实现多元效果，如倒计时结束时的失败反馈、不同用时导致的不同结果等，提升了挑战性，增强阅读体验，引起读者兴趣，是新媒体作品中常见的互动形式。

第七节　页面导航与操作指引

一个 H5 作品中，一定包含着很多需要传递的信息、融媒体素材、动效等元素，以便向用户传达中心内容与作品的思想。但是，想要让用户在 H5 中了解到相应的信息，顺利地进行体验，就必须要谈到不可缺少的页面导航与操作指引，但针对这些内容的设计往往是制作者容易忽略的。在这一节中，我们重点来谈一些页面导航的设计原则与操作指引的设计方法。

一　页面导航的设计原则

页面导航的目的是不让用户在信息中迷失，给予用户一个清晰的体验方式与方向。

对于体验的方式，需要用导航的方式给予用户准确的提示，告知用户如何在页面中进行操作，我们称之为"导航的指示性"；对于体验的方向而言，则需要告知用户从哪里来，现在在哪里，将要到哪里去，我们将其称为"导航的指向性"。在H5的设计过程中，这两方面都有既定的设计原则，我们将这些原则简要地进行了总结，如下所示。

导航的提示语要准确、理性。导航的提示语，需要贴近用户的语言习惯，提示内容切勿有歧义，避免使用感情色彩较强的词汇。

多用图示表达，文字保持精简。可以尽量使用图示的方式进行导航指示性的表达，避免文字字数过多或者过于频繁，使用最精简的语言传达最直接的信息。

对用户操作予以反馈提示。除了在用户操作之前需要给予提示，在操作之后有时也需要给予提示，例如在用户提交信息时，可以提示用户信息提交是成功还是失败，失败的原因是什么等。

对用户的位置、将来状态与过去状态给予描述。在必要时，需要对用户的位置予以提示，以便引导用户进行操作，类似的提示可以尽量与页面和场景贴合，避免因过分强调而打断用户当前的体验流程。

三 操作指引的设计方法

具体到用户的操作指引，我们应该怎样进行设计呢？我们在前文中提到过对于腾讯新闻极速版出品的换带国旗头像的H5作品的分析，其中涉及作品的用户流程图，如图6-7-1所示。下面我们以此为例，分析一下操作指引的设计方法。

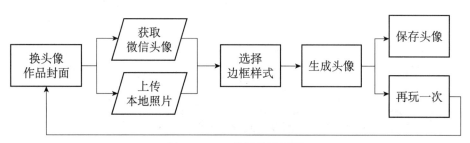

图6-7-1 作品的流程图

在前文我们提到过，除了用户的体验流程，我们还可以更进一步，在用户的体验过程中对用户的心态进行推测，形成一个用户心态变化的图示，如图6-7-2所示。

| 国庆到了，我换了个头像，为祖国庆生！ | 我想使用微信头像，这样非常快捷，而且好像真的是微信官方直接给我的，哈哈！ | 我国突出我的头像和别人的不完全一样…… | 好的，我可以把图片保存下来换微信头像了！ |
| | 我想上传自己的照片or给别人做一个，这样更有意思~ | | 头像不满意or我还想换别的头像，再玩一次吧~ |

图6-7-2 用户的体验心态

　　我们可以看到，在图 6 - 7 - 1 中，每一个用户的体验流程都有出口和入口，对于那些一个出口对应着两个入口的流程节点，我们就需要考虑是否要提示用户有两个选择，比如在第二步，用户既可以直接调用微信头像，也可以上传本地的照片，这就是给予用户选择的提示。

　　而对于相反的情况，如两个出口合二为一对应一个入口的情况，我们则需要考虑是否要强调用户当前所在的位置，或者给予用户撤销操作的权利。这种情况在换头像的 H5 中出现在第三步，用户选择边框样式时，我们应该考虑用户是否要重新返回上一步采用不同的方式使用新的头像。

　　在移动终端有限的屏幕中，我们不能将内容一股脑地抛在用户眼前，但我们可以根据对用户体验流程的分析，结合用户的心态进行反复推敲，设计自然而然能够促进或引导用户的操作指引，以便减少用户在使用过程中的焦虑和负面体验，优化用户浏览作品的体验。

　　另外，在设计操作指引时，导航和提升设置动效经常会被我们忽略。人眼对运动的事物更加敏感，所以在操作指引出现时设置动效，会让用户快速识别到这一指引，并快速做出反应，进行下一步操作。因此，如果 H5 页面内有引导的按钮、图标或提示语，那么建议添加上一些简短的动效，但需要注意的是，当引导动效出现时，页面内的其他动效都应该是播放完毕的状态，这是因为，操作指引动效一般相对于其他页面效果而言面积较小，在视觉效果上比较弱，很容易被其他动效干扰。

移动交互设计：
提示语总结

【思考题】

　　尝试着用表格的形式总结一下方正飞翔数字版中各个互动效果的类别、使用场景以及对素材的要求。

第七章

H5 作品的
测试、发布与运营

【学习要点】

1. 掌握 H5 作品的测试步骤与方法。
2. 掌握使用方正飞翔数字版将 H5 作品进行上传与发布的方法。
3. 了解 H5 作品的运营知识与技巧。

第一节 H5 作品的测试

现在，我们已经完成了 H5 作品的制作，在发布前，可以在制作端、移动端分别进行运行测试，也可以邀请用户协助进行测试，以不断改进 H5 作品的细节与体验。

一 在电脑端进行测试

我们在 H5 作品的制作过程中，可以使用飞翔的"页面预览"和"文档预览"功能，随时在电脑端预览互动效果。当然电脑端预览无法百分百还原手机效果，有两点需要我们注意，首先部分需要多点触控的操作电脑端无法通过鼠标完成，其次对于文字的字号，由于使用 Chromium 内核的浏览器支持的最小字号是 12 像素，当我们作品中使用的字号经过缩放适配后小于 12 像素时，将按照 12 像素显示，可能会出现文字的溢出，这两种情况的最终效果都要到移动端进行确认。

在电脑端进行预览时，飞翔提供了模拟不同移动设备上阅读效果的功能，如图 7 -

1-1所示。在没有很多测试设备的情况下，也能方便地测试不同类型屏幕上作品的呈现效果。

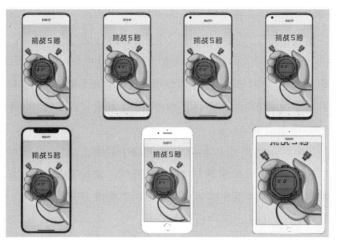

图 7-1-1　电脑端预览模拟不同移动设备上的阅读效果

二 ‖ 在移动端进行测试

使用飞翔制作 H5 时，如果需要在移动端上预览作品的实际发布效果，则需要将作品发布为临时链接。预览临时链接时我们需要将在电脑本地制作的 H5 作品保存并同步至云端。我们已经在"第五章 方正飞翔功能快速入门"中讲解了作品发布的操作方法，并且在"第一章 H5 技术常识"中讲解了作品页面自适应的概念，在这里不再赘述。

将作品上传至飞翔 H5 云服务平台之后，我们可以在"我的作品"列表中找到刚刚上传的作品。点击进入作品预览页面，这里会提供一个 24 小时内有效的临时预览链接，如图 7-1-2 所示，我们可以直接用手机扫描二维码进行预览测试，也可以复制链接，通过微信等渠道将链接发送到手机后打开进行测试。

图 7-1-2　飞翔 H5 云服务平台作品预览页面

三 邀请用户协助测试

制作 H5 不是闭门造车，需要不断吸取用户和大众的意见，这一点在设计 H5 时要谨记于心。

通过测试，你很可能会发现，原来你认为已经讲得不能再明白的重点，大家实际上根本就没弄懂；你认为操作时不能再流畅的页面体验，用户看的时候有严重的卡顿现象。这些反馈都是非常关键的。

H5 作品的效果在不同的终端和手机系统上会有细微的差别，因此 H5 完成后，我们可以邀请一部分不同机型、不同手机系统的用户，来协助测试和查看 H5 的互动效果。这里最好的办法就是，将 H5 转发分享给好友或转发至微信群、朋友圈中进行测试，这样我们会迅速得到直观的用户反馈。

除了效果的测试，在作品其他方面，用户也可以给制作者提供建议和启示，在条件允许的情况下，可以试图寻找有内容生产相关行业背景的好友，以访谈的形式了解你制作的作品带给他的感受，除了了解互动效果是否正常之外，还能获知他使用的体验、对内容的理解等。比如内容方面，用户是否可以通过这个 H5 了解制作者想传递的信息？用户体验是否友好？有没有卡顿、加载不流畅或者导航不清晰的情况出现？在浏览过程中，有没有觉得不耐烦或者想退出的时候？有没有不清楚如何操作的情况？画面的风格、音效的搭配、互动的设置是否合理？有没有令人不满意的情况？围绕这些问题，我们可以了解用户和专家对于这个 H5 的态度，以及需要改进的地方，这样更有利于推出一个优质的 H5。

第二节 H5 作品的发布上线

飞翔 H5 云服务平台可以提供 H5 作品预览、储存与发布服务，帮助作者对上传的 H5 作品进行管理，同时可以很方便地查看作品的浏览量和传播数据。

一 H5 发布上线

通过飞翔 H5 云服务平台作品预览页面扫码完成移动端测试后，可在发布前设置第三方分享标题、分享描述和缩略图，点击"发布作品"按钮即可正式发布作品，生成正式链接，或扫码分享到微信或其他平台（图 7 - 2 - 1）。

图 7 - 2 - 1　H5 作品的预览与发布

三　作品管理与数据统计

在飞翔 H5 云服务平台中，可以对已上传的 H5 作品进行管理。登录到用户中心后，即可看到 H5 作品排列在作品列表中。除了在个人中心对作品进行在线预览、发布上线、下线或删除，也可以查看作品的浏览量和传播数据，了解个人空间的作品存储情况、云空间使用情况。

在飞翔中制作好数据服务互动组件后，可以在平台中查看用户提交的数据，并可以下载数据汇总表格，如图 7 - 2 - 2 所示。具体的方法是，在作品预览页面，点击"查看统计数据"。

图 7 - 2 - 2　表单数据的查看与下载

选择相应的作品封面进入数据统计，在表单数据中，点击"导出 Excel"即可下载数据汇总表格。

第三节 H5 作品的运营技巧

在前文中，我们介绍了 H5 作品选题与策划的内容。对于一个 H5 作品，在作品选题和策划阶段，实际上就已经确定了总体的运营策略。如果想通过发布一个 H5 作品来进行信息的传达，或者宣传营销，首先需要足够了解打开这个 H5 的用户到底是哪类人，他们最想得到什么，怎样才可以通过作品真正把用户吸引过来。在本节，我们主要通过对一些关键问题的解答，来给大家介绍一些运营的思路和技巧。

一 这个 H5 面向哪些用户？

在制定 H5 的运营策略时，首先要对已有的用户资源和情况进行详细的了解，这样才可以确定 H5 作品面向的是哪些用户。比如在面向新闻 APP 的用户时，可能已有的用户是已经下载 APP 且活跃度较高的用户群体，如果面向这些用户传播 H5 作品，就应当使 H5 作品更符合这个群体的阅读习惯与特点，但通常来说，我们花费相当多的资源来制作一个 H5，是希望它能够在更广泛的范围里得到传播和推广，这个作品不仅是面向已有的用户，更是面向潜在的用户，不仅是面向小众群体，更是面向大众群体。

二 用户为什么浏览？ 用户为什么传播？

明确了面向的用户之后，我们就需要了解这些用户的浏览欲望与参与传播的欲望从何而来，比如是对信息的渴求，还是对认同感的追求，又或者是对宣传营销活动的参与欲望与稀缺感的满足。这其中就要涉及 H5 的选题是什么，H5 是什么类型的。针对这个类型的 H5，用户的痛点是什么，他们更看重哪些要素。掌握了用户的痛点和浏览心理之后，我们就需要在 H5 中放大这些要素，以便让用户快速了解到：这个 H5 想表达什么，我可以从中收获什么。

三 用户如何传播？ 用户如何参与？

用户除了参与浏览 H5 的内容，还会参与 H5 的传播，为了能够达到一定的传播效果或者制作 H5 的目的，需要考虑到用户是如何进行传播的，用户的参与和传播过程是怎样的。目前来讲，H5 的传播过程主要分为用户的主动传播和被动传播，在被动传播时，又分为单向传播和双向传播。对几种传播方式，以及用户的心理的分析如下。

主动传播即用户发自内心觉得好，想要将其分享给其他朋友。因为每个人都有分享精神，看到有意思的、好玩的，就想分享给其他人。被动传播即用户为了得到某种实际的好处，在利益的驱使下去做传播分享。

主动传播可能成本更低、效果更好、更容易刷屏，但主动传播的难度很大，目前我们看到的爆款中，确实有很多都是用户自发传播的，主动传播更多的是吸引用户获得某种社交货币（意思是可以使用社交货币"买到"别人对自己印象的加分，比如提供谈资、给予帮助、有用好玩、塑造形象、社会比较等）。但相对被动传播来说，真正要实现主动传播是比较难的，它对创意和文案的要求都比较高。被动传播则相对容易一些，而且效果可能还会更好。

在被动传播中还存在着两种形式，即单向传播和双向传播。比如拼多多的砍价邀请，或者火车票抢票加速，让用户主动把这个H5分享给身边的朋友，然后拉朋友去帮他点击。双向传播会比刚才提到的单向传播效果更好，因为它会促使用户进行多次分享，而且是主动分享，用户可能会为了得到相应的奖励而在各个微信群里面转发，这类活动最大的优点是调动用户自主传播的积极性。

四 ‖ 为了让用户浏览和传播，我们要运用何种资源？

H5做好以后，我们有哪些平台可以去推广？比如微信公众号、贴吧、微博、官方网站等。

微信的数据显示，仅有20%的用户会点击公众号的文章，并进行内容分享，但其他80%的用户，都是通过朋友圈其他用户的分享获得相应的内容的。如果H5最早是通过公众号发布出去的，再由朋友圈分享其实收效甚微，因为关注公众号的用户有限，可以运用的传播资源有限。即使H5的内容再优质，也难以得到好的传播效果、实现最终的目的和获得预期的收益。

所以我们可以尝试着寻找可以运用的资源和渠道来使H5抵达用户，除了可以运用自己的公众号发布H5之外，还可以运用其他有影响力的公众号、意见领袖、微信群等进行传播。在这里我们需要意识到的是，如果想做更广泛、更有效果的H5运营，需要提前积累好传播资源，如果你不认识意见领袖，可以尽可能加入一些相关用户、相关行业的微信群，从这些渠道中获取信息，还可以尝试着与重要的人建立联系。久而久之，在制定H5运营策略时，只要盘点一下自己的微信通讯录和已有的资源，就可以确定运营的方式与传播的渠道了。

五 ‖ 什么时间传播？

在只有微信公众号文章推送的情况下，手机页面访问热度最多只能持续2～3天。结合实时热点、节日、大众感兴趣的话题，能带来更多的关注。

根据既往的微信运营研究，学者们普遍认为公众号文章的最佳推送时间是 19 点到 21 点，但这个时间目前有向后推移的趋势。

"天时、地利、人和"，一个好的 H5 需要选择好时机进行传播，并非有好的作品就能成功，传播结合的事件与推送的时间节点也非常重要。在 H5 发布之前，切记"眼观六路，耳听八方"，选择一个好的时间节点进行发布与推送，也切忌在一个与 H5 选题、调性完全背道而驰的节点推送。

对于 H5 作品的运营，应当从实际的作品传播目的出发来制定作品的总体运营策略，此后用现有的资源以及不断积累的经验和技巧，来进行 H5 发布后的运营。H5 运营的入门、进阶和提升，是新媒体运营体系中的分支，希望大家日后继续在不断的学习与实操中提升技能。

 【思考题】

1. 撰写一个用户测试访谈提纲，罗列一下在邀请用户测试时，你可以问什么问题，以便改进作品。

2. 在 H5 作品的传播与运营方面，可以运用的传播平台和传播方式有哪些？运营的策略有何不同？

第八章

H5 制作综合实践：传媒领域

【学习要点】

目前 H5 的作品形态，已经渗透进互联网、市场营销、内容生产等多个领域，在本章中，我们通过几个目前应用 H5 比较广泛的传媒领域的案例，对 H5 的策划、设计、制作等进行综合介绍。

第一节　《你的生日 我们的生日》H5 作品制作

一　案例背景与选题策划

在《黑龙江日报》成立 75 周年来临之际，为了能够吸引读者参与，回顾历史，见证发展，共同庆祝报社周年纪念，《黑龙江日报》设计了这款生成生日报效果的 H5 作品。将作品命名为《你的生日 我们的生日》，每十年选取一份具有代表性的报纸头版，用户可输入姓名和出生日期，H5 自动为其生成对应的生日报，勾起人们对时代的回忆，提高作品的参与度和趣味性，在用户体验完成后，还能够积极转发与分享，提高传播效果。

二　功能需求与页面设计

这一作品的功能需求与页面设计如表 8-1-1 所示。

表 8-1-1　功能需求与页面设计

页序	页面设计	交互设计	功能需求
1	社庆 logo 与作品名称	1. 标题以动画形式出现 2. 设计"开始"按钮，用户可直接跳转到下一页	增强视觉效果，提供更好的阅读体验
2	活动描述	设计"进入"按钮，用户可直接跳转到下一页	描述活动情况
3	引导用户填写姓名与出生日期	1. 用户填写表单内容 2. 设计"确认"按钮，根据用户点击执行不同动作 2a. 填写有误，弹出提示要求用户重新填写 2b. 填写正确，根据内容跳转至指定页面	增强用户参与感
4-11	报纸头版框架，与用户填写的姓名、生日信息和上传的图片合成完整报纸头版	1. 数据关联显示用户填写的表单内容 2. 用户上传头版图片 3. 设计"生成海报"按钮，将完整报纸头版合成为一张海报图片进行保存分享	升华情感，促成转发和分享

三 ▮▮ 平面效果展示

该作品的平面效果展示如图 8-1-1 所示。

图 8-1-1　《你的生日 我们的生日》平面稿

四 ‖ 互动配合与制作过程详解

打开方正飞翔数字版软件，单击"新建文件"，新建一个标准竖版、页面大小为640px＊1 260px（全面屏）的新文档，如图8-1-2所示。

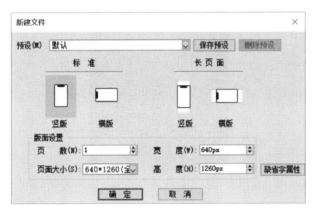

图8-1-2　新建文件

点击插入选项卡中的"图片"按钮，如图8-1-3所示，进行图片的插入。

图8-1-3　插入图片

如图8-1-4所示，在弹出的"排入图片"对话框中，选择素材的位置，将图片素材依次置入版面，并按呈现效果的位置进行摆放，完成后效果如图8-1-5所示。

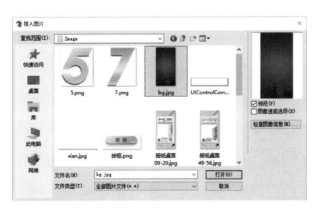

图8-1-4　排入图片对话框

图 8 - 1 - 5　效果图

　　排入图片后，可依次设计图片的动画效果，选中要设计的图片，点击动画选项卡，从选项卡中"绿色"的进入动画部分中选择合适的动画进行应用，如图 8 - 1 - 6 所示。

　　为各个对象依次添加动画效果，设置完成后，可在动画浮动面板中进一步设置动画属性，如图 8 - 1 - 7 所示。

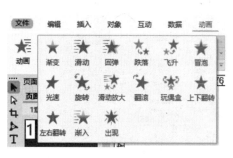

图 8 - 1 - 6　动画效果　　　　　　　　图 8 - 1 - 7　动画属性

接下来要进行的是页面按钮设计。在此案例中，预设的效果是当用户单击"开始"后，自动跳转到活动描述页面。因此，需要在第一页设计一个跳转按钮，保证用户点击后运行自动跳转效果。

首先，我们按照第六章介绍过的方法，将"开始"按钮排入页面并放置在合适位置，排入效果如图 8-1-8 所示。

然后打开按钮浮动面板，创建"转至下一页"动作，如图 8-1-9 所示。

图 8-1-8　排入效果

图 8-1-9　创建动作

至此，作品第 1 页的效果设置完成。

作品第 2 页与第一页相同，排入素材并添加动画后，为"进入"按钮设置"转至下一页"动作，结果如图 8-1-10 所示。

图 8-1-10　效果图

作品第3页设计的是用户填写姓名和生日信息，根据输入的内容判断跳转页面。我们首先将图片排入版面，然后点击数据选项卡中的"文本"，将文本控件排入版面，命名为"姓名"，以同样的方式再插入三个文本控件，分别命名为"年""月""日"。同时我们对四个文本控件的互动属性进行设置，字号定为"小初"、颜色为"石板灰"，居中对齐，勾选为必填项。设置提示文本和控件名称一致，另外分别限制"年""月""日"的输入内容为"数字"，"年"的字数限制为4位，"月""日"的字数限制为2位。最终效果如图8-1-11所示。

图8-1-11 效果图

接下来我们先将第4—11页的海报页面创建好，为设置第3页的按钮跳转做准备。

以第4页为例，我们将报纸头版背景插入版面后，插入四个文本控件，通过文本控件浮动面板，将四个文本控件对应我们在第3页创建的文本控件，设置上数据关联关系。在关联设置上选择"关联到已填数据"，四个文本控件的关联到内容依次选择"姓名""年""月""日"。同时可以在提示文本处按照关联的内容输入一个提示，用于位置比对，如关联到"年"，我们将提示文本设置为"1957"，关联到"月"，我们将提示文本设置为"12"，并根据提示文本在版面上显示的效果，设置合适的字号、对齐方式等，放置在合适的位置，如图8-1-12所示。

完成文本控件的设置后，我们点击数据选项卡中的"照片"，将照片组件排入版面，并打开照片互动属性浮动面板，点击"占位图"按钮，将默认占位图替换为设计好的图片，如图8-1-13所示。

使用选取工具选中版面中的所有对象，点击互动选项卡中的"转合成图片"，将版面中的对象转为合成图片，同时前往合成图片浮动面板，对合成图片后显示的提示文

图 8 - 1 - 12 设置数据关联，调整控件位置

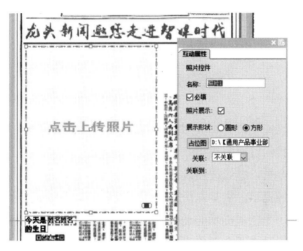

图 8 - 1 - 13 设置照片互动属性

本进行设置，设置内容为"长按可保存海报"，并设置合适的字号、颜色和位置，如图
8-1-14所示。

图 8 - 1 - 14 合成图片

最后我们插入"生成海报"按钮，将动作设置为"执行合成图片"，如图8-1-15所示。

图8-1-15 设置"执行合成图片"动作

以同样的方式，我们可以完成第5—11页的创建。

现在我们返回第3页，继续按钮跳转动作的设置。在这里我们需要创建九个动作，一个是填写错误内容的提示，剩下八个是根据填写内容，跳转八个指定页面的动作。

我们首先创建第一个错误提示的动作。将错误提示内容和关闭提示按钮排入版面，通过对象管理浮动面板，将两个对象设置为"H5页面不可见"，如图8-1-16所示。

图8-1-16 设置"关闭按钮"和"错误反馈弹窗"为"H5页面不可见"

接着我们选中"确认"按钮，设置自定义按钮动作。在此案例中，我们需要设置在"年"的文本控件中填写1949~2020之间的数值时才可以进行跳转，同时"月""日"的限制分别是1~12和1~31，所以应如图8-1-17所示设置触发条件。

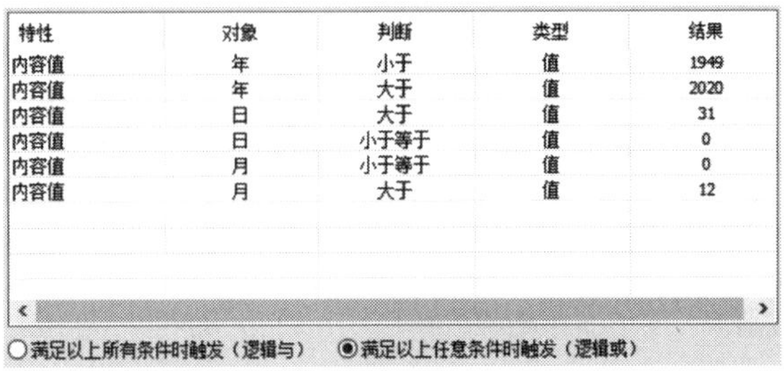

特性	对象	判断	类型	结果
内容值	年	小于	值	1949
内容值	年	大于	值	2020
内容值	日	大于	值	31
内容值	日	小于等于	值	0
内容值	月	小于等于	值	0
内容值	月	大于	值	12

○ 满足以上所有条件时触发（逻辑与）　　● 满足以上任意条件时触发（逻辑或）

图 8 - 1 - 17　弹出错误反馈的触发条件

当满足此条件时，为了触发显示"关闭按钮"和"错误反馈弹窗"的动作，我们应在"动作设置"中的"调整对象属性"修改两个对象的可见性为"可见"，点击"增加"添加动作，如图 8 - 1 - 18 所示。点击"确定"保存动作。

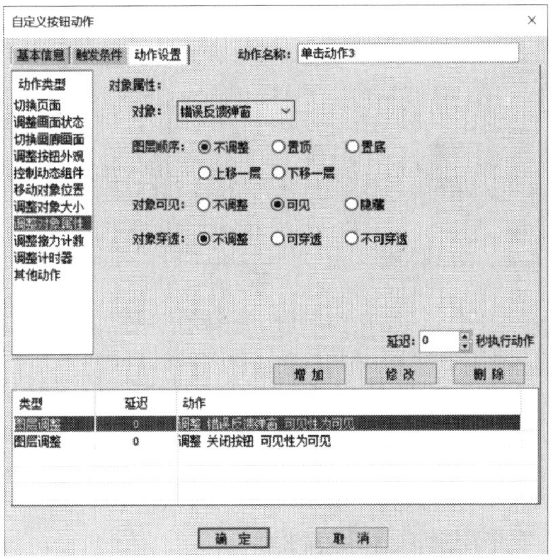

图 8 - 1 - 18　修改对象可见性

最后我们选中"关闭按钮"，设置自定义按钮动作。不用设置触发条件，动作设置与上一步相反，将"关闭按钮"和"错误反馈弹窗"的可见性设置为"隐藏"，增加动作后点击"确定"保存即可。

至此我们就创建完成错误反馈了，接下来我们继续制作页面跳转的动作。这里我们需要根据用户输入的年份跳转至指定页面，所以我们要做的就是以此创建八个自定义按钮动作，根据年份范围设置触发事件，动作设置为"跳转至指定页面"。要注意的是，虽然触发条件判断主要是根据"年"文本控件来进行的，但是我们还是要设置正确的"月""日"文本控件的内容范围，不然会出现冲突。例如，当读者输入"1997年14月49日"时，既满足了"年"范围的触发条件，又满足了"月""日"内容错误的触发条件，两个动作就会发生冲突。

最终的设置的按钮动作如图 8 - 1 - 19 所示。

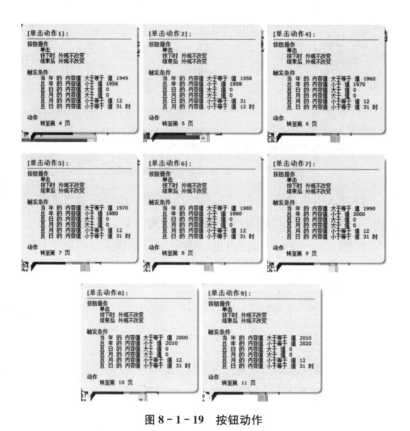

图 8 - 1 - 19　按钮动作

至此，此案例制作完成。在这里，我们展示一下 H5 数字作品案例的最终效果和二维码，可以使用手机微信中的"扫一扫"功能，扫描二维码进行案例效果的浏览，如图 8 - 1 - 20 所示。

图 8 - 1 - 20　案例的最终效果和二维码

第二节 《垃圾分类大作战》H5作品制作

一　案例背景与选题策划

　　2019年11月27日，《北京市生活垃圾管理条例》修改决定经北京市十五届人民代表大会常务委员会第十六次会议表决通过，修改后的条例于2020年5月1日正式施行。这是自2012年条例施行以来，北京市首次对该条例进行修改。修改后的条例首次明确，单位和个人是生活垃圾分类投放的责任主体，并对个人违法投放垃圾的行为实行教育和处罚相结合的处理措施。违规投放的个人如"屡教不改"，最高可处200元罚款。

　　中共中央总书记、国家主席、中央军委主席习近平在2019年6月指出，推行垃圾分类，关键是要加强科学管理、形成长效机制、推动习惯养成。要加强引导、因地制宜、持续推进，把工作做细做实，持之以恒抓下去。要开展广泛的教育引导工作，让广大人民群众认识到实行垃圾分类的重要性和必要性，通过有效的督促引导，让更多人行动起来，培养垃圾分类的好习惯，全社会人人动手，一起来为改善生活环境做努力，一起来为绿色发展、可持续发展做贡献。

　　因此让更多人了解垃圾分类的相关知识，并且尝试进行垃圾分类的实践，养成垃圾分类的习惯，成了很多媒体关注的焦点。这一案例就是在这个背景下进行策划的，旨在通过H5游戏的方式，让大家了解垃圾分类的知识，并增强垃圾分类实践的趣味性，缓解大家对垃圾分类政策的焦虑。

二　功能需求与页面设计

　　该H5作品的功能需求与页面设计如表8-2-1所示。

表8-2-1　功能需求与页面设计

页序	页面设计	交互设计	功能需求
1	页面中出现居委会阿姨的形象，居委会阿姨手拿扫帚、手臂上戴着红袖标、神情严肃，呈"战斗"姿态。页面下方有四只小怪兽，分别代表四种垃圾类型，即厨余垃圾、有害垃圾、可回收物、其他垃圾，身上带有说明垃圾类型的图标。小怪兽举着"开始分类"和"就不分类"两个牌子，对"开始分类"的按钮牌子予以明显的黄色作为提示	页面中的居委会阿姨、小怪兽等元素按动画效果依次出现。点击"开始分类"按钮，可以跳转至H5第3页对垃圾分类的介绍；点击"就不分类"，可以跳转至H5的第2页，即罚款页面	用户可以在作品封面通过两个按钮跳转至不同的页面

续表

页序	页面设计	交互设计	功能需求
2	页面中出现居委会阿姨的身影，另外有两个模糊的影子，展现出"杀气腾腾"的氛围	页面中的居委会阿姨和两个影子按动画效果依次出现。在这一页，只能点击"开始分类"按钮，跳转至第三页对垃圾分类的介绍	此页面仅提供给用户唯一的选择，用户无法通过其他方式翻页，只能通过点击按钮进行跳转
3	对于垃圾分类政策，以及不同种类垃圾（厨余垃圾、有害垃圾、可回收物、其他垃圾）的分类方法的介绍。每个小怪兽代表一种垃圾，用不同颜色体现	页面默认内容为对垃圾分类政策的整体介绍。点击页面上的四个小怪兽按钮，可以弹出对厨余垃圾、有害垃圾、可回收物、其他垃圾分类方法的介绍。再次点击按钮，可以收回对不同类型垃圾分类方法的介绍，展示垃圾分类政策的整体介绍	使用按钮与弹出内容互动，实现点击四个按钮出现不同的介绍。用户通过点击"开始分类"按钮进行跳转
4—5	页面的主要画面是很多种物体，其中"课本""刀叉"属于可回收物。页面上方有计时条，在游戏画面出现的时候开始计时。页面下方有代表可回收物的小怪兽形象。页面整体的颜色与小怪兽的颜色相同	1. 用户在很多种物体中进行选择，当点击"课本""刀叉"时，则会弹出"干得漂亮"的提示，点击"进入下一关"按钮，可以跳转至下一页 2. 当点击"课本""刀叉"以外的区域时，则会弹出"你分错了"的提示，点击"重新挑战"按钮，可以跳转至当前页，重新开始游戏 3. 当进度条在15秒内走完后，会出现"定时收垃圾"的提示，点击"重新挑战"按钮，可以跳转至当前页，重新开始游戏	1. 制作热区，使用按钮与弹出内容互动，实现点击不同的区域可以出现正确或错误的反馈结果，并跳转至其他页面 2. 通过动画互动效果的设置，计时15秒后，弹出"定时收垃圾"的弹窗和跳转按钮，提示重新开始
6—7	页面的主要画面是很多种物体，其中"苹果""海星"属于厨余垃圾。页面上方有计时条，在游戏画面出现的时候开始计时。页面下方有代表厨余垃圾的小怪兽形象。页面整体的颜色与小怪兽的颜色相同	同4—5页	同4—5页
8—9	页面的主要画面是很多种物体，其中"碎碗""大骨头"属于其他垃圾。页面上方有计时条，在游戏画面出现的时候开始计时。页面下方有代表其他垃圾的小怪兽形象。页面整体的颜色与小怪兽的颜色相同	同4—5页	同4—5页

续表

页序	页面设计	交互设计	功能需求
10—11	页面的主要画面是很多种物体，其中"药丸""灯泡"属于有害垃圾。页面上方有计时条，在游戏画面出现的时候开始计时。页面下方有代表有害垃圾的小怪兽形象。页面整体的颜色与小怪兽的颜色相同	同4—5页	同4—5页
12	页面中出现居委会阿姨欣慰地发锦旗的形象，并出现文字"恭喜全部答对"，下方正文文字主要为养成垃圾分类好习惯的倡议。按钮文字的内容为"再来一次"	页面中的居委会阿姨、锦旗等元素按动画效果依次出现。点击"再来一次"按钮，可以跳转至首页，重新开始游戏	用户可以点击按钮跳转至首页，重新开始浏览H5页面

三　平面效果展示

该作品的平面效果如图8-2-1所示。

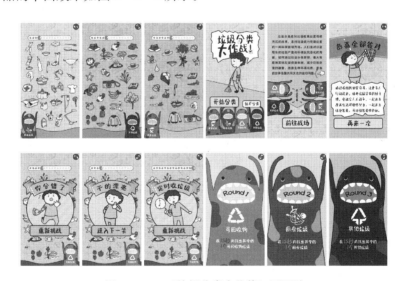

图8-2-1　《垃圾分类大作战》平面稿

四　互动配合与制作过程详解

打开飞翔，单击"新建文件"，新建一个标准竖版、页面大小为640px＊1 260px（全面屏）的新文档，如图8-2-2所示。

运用图片处理工具进行素材处理与按钮的制作，素材尺寸根据实际情况决定，一

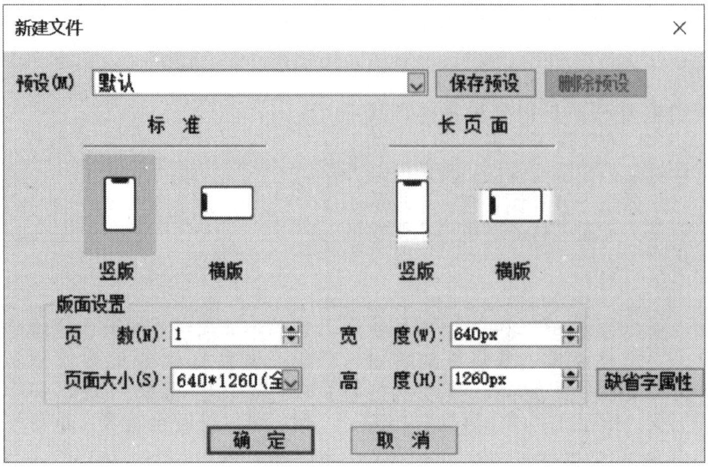

图 8-2-2 新建文件

般超长图不超过 640px＊1 260px，分辨率为 72dpi，保存格式为 JPG 或 PNG。

在第一页中，点击插入选项卡中的"图片"按钮，选择素材的位置，依次置入背景等无交互素材，并按呈现效果的位置进行摆放，如图 8-2-3 所示。

图 8-2-3 置入素材

这里我们可以将文字与图片进行预处理，直接作为图片插入，也可以在飞翔中输入或排入相关内容的文字，在这里我们采用前者进行演示。

接下来我们进行第 1 页的交互制作。第 1 页是作品的封面，主要有两个按钮，点击"开始分类"可跳转至第 3 页，点击"就不分类"可跳转至第 2 页。

首先我们添加跳转按钮，跳转按钮在本页面中是两个 PNG 格式的图片，用户点击图片，即可跳转至指定的页面。我们可通过右侧按钮浮动面板将这两个图片分别转为按钮。之后，选中"开始分类"的按钮，点击按钮浮动面板中的 ，为按钮添加动作。在这里，我们设置按钮动作为"转至指定页面"，设置按钮跳转至第 3 页，如图 8-2-4 所示。

按照相同的方法，为按钮"就不分类"添加跳转至下一页动作。至此，第 1 页的

图 8 - 2 - 4　设置跳转

按钮与跳转就制作完成了。

　　接下来，我们为这一页面添加动画效果，让画面更加具有动感。首先，我们选中一个画面中的元素，点击动画浮动面板中的"添加动画"按钮，为元素选择合适的动画，并设置相应的延迟时间和持续时长，此后的元素均按照此方法进行设置。另外，除第一个动画以外，其他动画可以设置出发时间为"在下一动画之后"，按此方法操作，我们可以完成对本页所有元素的动画效果的添加，如图 8 - 2 - 5 所示。

图 8 - 2 - 5　添加动画效果

　　至此，第 1 页的互动效果制作完成，我们可以点击"页面预览"按钮查看本页的效果。

　　下面，我们来制作第 2 页。第 2 页与第 1 页类似，也是由动画与按钮组合而成的，而与第 1 页不同的是，页面中只有一个"开始分类"按钮，要求用户必须体验之后的游戏部分，因此，在插入并调整图片的位置之后，我们按照为按钮设置跳转至其他页面的方法，将"开始分类"图片转为按钮，并将其动作设置为"转至下一页"，如图 8 - 2 - 6 所示。

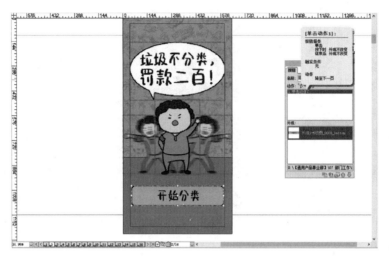

图 8 - 2 - 6 设置动画

在按钮设置完毕后，我们用同样的方法，为页面中的元素添加动画，如图 8 - 2 - 7 所示。

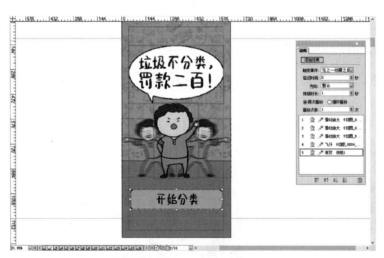

图 8 - 2 - 7 添加动画

接下来我们制作第 3 页，也就是垃圾分类的知识介绍部分。页面出现时，展示的是对于垃圾分类政策的整体介绍，用户在这个页面中点击不同的小怪兽按钮，可以弹出对于不同垃圾与分类方法的介绍。介绍文字作为弹出内容，可以上下滑动，我们既可以做成文字滚动内容，也可以将文字转换成图片，制作成图像扫视。另外在页面出现时，还有一些动画，以及上下滑动文字的操作提示。本页中使用到了按钮与弹出内容、图像扫视、动画等互动效果，因此本页的制作相对于其他页面比较复杂，我们按照步骤进行制作。

首先，点击插入选项卡中的"图片"按钮，依次置入背景等无交互素材，按呈现效果的位置进行摆放；点击插入选项卡中的"文本"，插入相应的文字，放在版面的空白处备用，效果如图 8-2-8 所示。

图 8-2-8　置入素材

接下来我们制作按钮。在页面中绘制一个矩形，将矩形的边框设置为无色。点击右侧按钮浮动面板中的 ，将透明的图像块转为按钮，在透明热区复制出另外三个矩形，分别放置在四个小怪兽元素的上方，至此，四个作为按钮的热区制作完成。

接下来，按照作品第 1 页按钮制作的方式，为"前往战场"按钮设置跳转到下一页。

下面，我们制作文字的图像扫视效果。先为文字设置好合适的文字样式，这里的文字样式为四号、黑体。然后我们将文字也转为图像块，这是设置图像扫视互动效果的前提，转为图像块后，便不能再编辑文字，因此建议大家先将可以编辑的文字复制出来一份放在页面的空白处，以备之后修改。选中转为图像块的文字，右键选择"转为互动"，将图像块转为图像扫视，如图 8-2-9 所示。

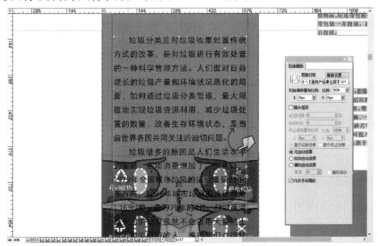

图 8-2-9　将图像块转为图像扫视

　　按住 Ctrl 键，对图像边缘进行移动，调整图像的默认可视范围，调整后，可视区域为页面上方的空白位置，如图 8-2-10 所示。

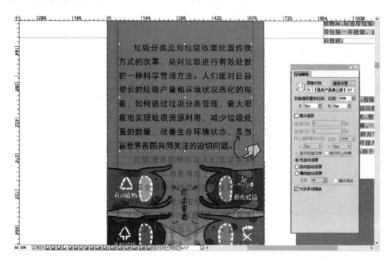

图 8-2-10　调整可视范围

　　其他三个文字介绍也按照上述方式设置为图像扫视，并设置好可视范围。

　　然后我们进行弹出内容的设置。我们要达到的效果是：点击按钮，弹出的不同类型垃圾的介绍内容要盖住垃圾分类政策的整体介绍，并且这些介绍文字内容是互斥的。因此，我们需要在设置弹出内容时，在每个图像扫视下方衬上与页面背景颜色一致的绿色背景，以便能够遮住整体介绍的文字内容，如图 8-2-11 所示。

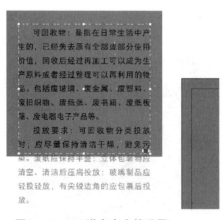

图 8-2-11　弹出内容的设置

　　同时选中绿色背景和图像扫视，将其拖入右侧浮动面板的"弹出内容"窗口，形成"画面 1"，以同样的方式再选中一组绿色背景和图像扫视，点击右侧浮动面板的"弹出内容"窗口下方的按钮，形成"画面 2"。按照相同的方式进行设置，可将四组背景和图像扫视转为同一弹出内容的四个画面，按照画面介绍的垃圾分类的内容，分别将相应画面命名为"厨余""其他""有害""可回收"，如图 8 - 2 - 12 所示。

图 8 - 2 - 12　弹出内容

　　设置之前的四个小怪兽按钮的动作为转至画面，对应上述设置的画面。至此，第 3 页制作完成。

　　接下来，我们制作第 4 页游戏页的效果。在游戏页中，首先出现的是小怪兽的动画和互动提示"在 15 秒内找出其中的 1 个可回收物垃圾"，然后进入正式的游戏界面，在这里，我们需要将小怪兽和提示设置为出现后再消失的动画效果，如图 8 - 2 - 13 所示。

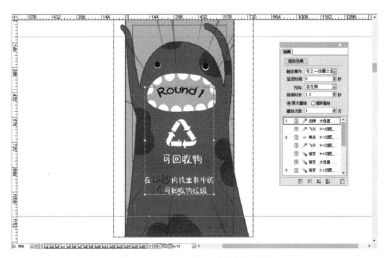

图 8 - 2 - 13　设置小怪兽动画

　　之后，我们制作正式的游戏界面，由于小怪兽的元素在游戏界面之上，会对界面形成遮挡，因此在右侧浮动面板列表里的对象管理浮动面板中，可以将这些对象设置为不可见，并对下方的游戏界面元素进行操作，如图 8 - 2 - 14 所示。

　　最后，我们来插入三个游戏的提示，即"干得漂亮""你分错了"和"定时收垃坂"，这三个提示的大小需要与页面大小相同，以便在提示出现后，我们无法点击提示后面的物体，如图 8-2-15 所示。

图 8-2-14　隐藏不需要操作的对象　　　　图 8-2-15　提示画面

在游戏界面中，点击画面中正确的图片，则出现"干得漂亮"以及"进入下一关"的按钮，为此，我们需要绘制并设置按钮的热区，同时选中提示和按钮，设置为"弹出内容 1"的"画面 1"，双击右侧弹出内容浮动面板中的列表项，将其对象名称重命名为"反馈"，画面名称重命名为"正确"，如图 8-2-16 所示。

图 8-2-16　修改对象

为课本部分的热区设置转至"反馈"弹出内容的"正确"画面的动作。

点击画面中除课本以外的其他部分，则出现"你分错了"以及"重新挑战"的按钮，与上述方法相同，我们在课本区域的热区下方，放置好一个位置更大、能够覆盖所有物体的热区，同时选中提示和按钮，点击右侧浮动面板的"弹出内容"窗口下方的按钮，形成"弹出内容 1"的"画面 2"，将其对象名称重命名为"反馈"，画面名称重命名为"错误"。为课本以外的热区设置转至"反馈"弹出内容的"错误"画面的动作。

在页面的上方，有一个根据游戏设计的计时条 GIF 图，15 秒后进度条的时间走完，我们要达到的效果是在 15 秒完毕后，出现"定时收垃圾"以及"重新挑战"按钮。因此，我们设置这一提示和按钮为 15 秒之后出现。

至此，第 4 页的效果制作完成。第 4—12 页均为相同的动画与互动效果，在此我们不再赘述。

在第 13 页，点击插入选项卡中"图片"按钮，选择素材的位置，依次置入背景等无交互素材，按呈现效果的位置进行摆放，如图 8-2-17 所示。

图 8-2-17　摆放素材

接下来，我们将"再来一次"按钮设置为跳转至第 1 页，并为平面元素设置动画效果，如图 8-2-18 所示。

图 8-2-18　设置动画效果

<hr>

五 ∥ 最终效果展示

至此，此案例制作完成。在这里，我们展示一下 H5 作品案例的最终效果和二维码，可以使用手机微信中的"扫一扫"功能，扫描二维码进行案例效果的浏览，如

图 8-2-19 所示。

图 8-2-19　案例的最终效果及二维码

第三节 《九龙坡村往事》H5 作品制作

一 案例背景与选题策划

　　40 多年前，四川省遂宁市蓬溪县群利镇的九龙坡村家家户户都吃不饱饭。1976 年秋收后，九龙坡人开始行动。在晒谷场，5 队队长贺远华等几个年轻人凑在一起开"黑会"，秘密约定分田到户。束缚生产力的生产关系一经变革，村民的生产积极性得到释放，农民生活也随之改善。这段故事在九龙坡村村史馆里被保存下来，"九龙"精神一直延续至今。

　　《九龙坡村往事》用 H5 的形式对脱贫攻坚的事迹进行了介绍和展示，向用户展示了令人欣喜的乡村振兴的结果，在 2021 年建党一百周年之际，追忆当年往事，不忘前辈的勇敢和创新精神，歌颂了党的百年巨变，传递"九龙"精神，改革创新再出发。

二 功能需求与页面设计

　　这一作品的功能需求与页面设计如表 8-3-1 所示。

表 8 - 3 - 1 功能需求与页面设计

页序	页面设计	交互设计	功能需求
1	此页为作品封面页，出现标题《九龙坡村往事》及背景图片	本页添加当前页面的背景音乐，开场动画金色稻田与标题文字等元素按动画效果依次出现，并设置按钮支持跳转至下一页	此页引发作品标题，通过 GIF 引发用户对故事的兴趣，点击跳转至下一页
2	此页为引导页，出现先行村中一片祥和的场景，引导用户浏览页面	本页添加 2—6 页对应的背景音乐，先行村场景及点击游览按钮按动画效果依次出现，支持点击跳转至下一页	此页引导用户浏览先行村场景
3	此页与上页衔接，对先行村繁荣发展的场景进行了展示，最后页面停留在先行村村史馆，并写有"不忘初心，牢记使命，继承发扬九龙精神"字样	本页通过图像扫视对先行村场景进行展示，"进入九龙坡村村史馆"按钮通过设置动画效果最后出现	此页支持用户自动浏览九龙坡村的场景，并且支持手动滑动观看
4	此页进入九龙坡村村史馆，出现一页按满手印的协议书，吸引用户点击查看详情	本页设置整个页面为按钮，支持点击跳转至下一页	此页支持用户点击跳转至下一页查看协议书内容
5	此页为协议书详情页，介绍了当时分田到户的实施情况，并吸引用户回到过去了解更多细节	本页设置"回到过去"按钮，支持点击跳转至下一页	此页支持用户点击跳转至下一页
6	此页协议书渐变消失，回到 1976 年的九龙坡村	本页协议书消失 GIF、1976 年等内容通过设置动画效果依次出现，并设置按钮点击跳转至下一页	此页支持用户点击进入 1976 年的九龙坡村
7	此页进入到九龙坡村，老奶奶背靠墙面，身边的碗里空空如也，与墙上"人有多大胆，地有多大产"形成鲜明对比	本页设置按钮动作，并且设置了碗在地面跳动的动画效果	此页支持用户点击继续了解详情
8	此页设置两个选项，支持用户选择给老奶奶哪些帮助，可选择"一堆钱币"和"一张粮票"	本页设置两个按钮，支持点击分别跳转至对应界面	选择"一堆钱币"跳转至第 10 页，选择"一张粮票"跳转至第 9 页
9—10	页面为第 8 页按钮的两个对应跳转页面，引导用户选择"一张粮票"，因为当时只有用粮票才能买到粮食	页面设置按钮互动效果，设置跳转至指定页面和下一页	选择"一堆钱币"跳转至第 10 页，需要返回重新选择，选择"一张粮票"跳转至第 9 页，可以继续观看作品

续表

页序	页面设计	交互设计	功能需求
11	此页出现九龙坡村村落场景，吸引用户进入房屋继续了解当时的故事	页面设置按钮跳转至下一页	此页支持用户点击按钮，进入房屋
12	此页展示了房间内的穷困潦倒，破旧的灶台、桌子，还有蜘蛛网	页面文字及互动提示设置了依次出现的动画效果，设置按钮跳转至下一页	此页点击蜘蛛可将蜘蛛驱赶走，从而跳转至下一页
13	此页驱赶完蜘蛛，出现擦除灰尘的提示，同样引导用户清扫房间，最后引导用户查看米缸	页面文字及互动提示设置了依次出现的动画效果，使用擦除互动效果实现了擦除房间灰尘的场景，最后支持用户点击米缸，跳转至下一页	此页引导用户擦除灰尘，并点击米缸继续观看
14	此页中房屋主人和孩子看向米缸，并叹息，竟然一粒米都没有，反映了当时的穷困	页面添加了本页对应的背景音乐叹息声，并支持用户点击跳转至下一页	此页支持用户点击饭碗继续观看
15	此页为晒谷场，出现三位村民坐在草丛中交谈	页面中文字内容和画面设置了依次出现的动画效果，用自由拖拽设置了移走草丛的互动效果，并且支持点击跳转至下一页	此页支持用户移走草丛，并点击继续观看
16	此页进入三个队长交谈的场景，他们正在商讨一个改革创新的措施	页面中文字内容和音频内容设置了依次出现的动画效果，最后设置按钮支持跳转至下一页	此页支持用户听完对话之后，点击继续观看
17	此页进入三个队长达成共识的场景，猪饲料就地分掉，一分地上交 20 斤油菜籽	页面中文字、音频和元素设置了依次出现的动画效果，最后设置按钮支持跳转至下一页	此页支持用户听完对话之后，点击继续观看
18	此页为三位队长座谈的场景，出现之前村史馆的协议书	本页协议书设置动画效果，最后设置点击盖手印跳转至下一页	此页支持用户点击跳转至下一页盖手印
19	此页在协议书上出现了五个队长的手印，最后出现"去种地吧"的提示	本页手印设置动画效果依次出现，支持用户点击"去种地吧"跳转至下一页	此页支持用户点击跳转至下一页种地
20	此页出现种地的三种选择，支持选择种玉米、小麦和土豆	本页设置背景音乐，并设置三个按钮分别跳转至对应界面	此页种玉米按钮点击跳转至第 21 页，种小麦按钮点击跳转至第 22 页，种土豆按钮点击跳转至第 23 页
21—23	此页出现对应农作物丰收的场景，并显示"丰收啦"，支持用户重新选择种地	页面设置两个按钮，分别为丰收了跳转至第 24 页按钮，和重新选择跳转至第 20 页的按钮	此页为按钮用于跳转至第 24 页及第 20 页

续表

页序	页面设计	交互设计	功能需求
24	页面出现九龙坡村丰收的场景，并且介绍了群利公社书记的决定，村民开始抓阄	页面文字、图片及按钮设置了依次出现的动画效果，最后支持点击按钮跳转至下一页	页面支持点击跳转至下一页去抓阄
25	页面出现抓阄抽到的土地，并且支持用户选择"满意离开"或"不满重抓"	页面中文字图片设置依次出现的动画效果，并且支持点击"满意离开"跳转至种地页面，点击"不满重抓"跳转至新设置的抓阄界面	页面支持点击满意跳转至第30页，不满跳转至下一页
26—29	与第24、25页类似	与第24、25页类似	与第24、25页类似
30	页面出现得到土地后九龙坡村村民辛勤劳作的场景，并且支持用户抓麻雀，结束之后还可以再来一次或者进入夜晚	页面设置背景音乐，文字、图片等内容设置依次出现的动画效果，应用接力计数互动效果，麻雀为按钮，控制接力计数互动，并且最后按钮支持点击再来一次和进入夜晚	页面设置抓麻雀按钮，点击控制接力计数，并且最后可以点击跳转至第31页再来一次，或者点击第32页进入夜晚
31	与第30页类似	与第30页类似	与第30页类似
32	页面出现村民晚上在土地劳作的场景，弹出"进入打地鼠"的提示	页面设置背景音乐，文字、图片等设置依次出现的动画效果，最后出现"进入打地鼠"的按钮	页面支持点击按钮进入下一页打地鼠
33	页面呈现夜晚土地场景，不断地出现地鼠，并且统计用户打到的地鼠数量，最后还支持选择"回到村庄"和"再来一次"	页面文字和图片设置依次出现的动画效果，打地鼠的场景与第30页抓麻雀场景类似，最后支持"回到村庄"和"再来一次"	与第30页类似
34	与第33页类似	与第33页类似	与第33页类似
35	页面出现秋天丰收的场景，全面实现包产到户，并且展示了九龙坡村现代化建设的一些照片，最后出现"不忘初心，牢记使命，继承发扬'九龙'精神"图片，首尾呼应，结束作品	页面设置专属背景音乐，图片、文字内容设置依次出现的动画效果	页面展示包产到户成果，点题结束作品

三 ‖ 平面效果展示

该作品的平面效果如图8-3-1所示。

图 8-3-1 《九龙坡村往事》平面稿

四 互动配合与制作过程详解

打开飞翔软件，单击"新建文件"，新建一个标准竖版、页面大小为 640px∗1 260px（全面屏）的新文档。

运用图片处理工具对素材进行处理，尺寸大小不超过 640px∗1 260px，分辨率为 72dpi，格式保存为 JPG 或 PNG。在飞翔中点击插入选项卡中"图片"按钮，选择素材的位置，一次性置入背景等无交互素材，并按照想要呈现的效果进行摆放。

可以对文字进行预处理并将其直接作为图片插入，也可以在飞翔中输入或排入相关的文字。

接下来分页进行交互稿制作。

在第1页中，通过插入图片和插入按钮的方式将对象置入版面，并为对象设置动画，为按钮设置"转至下一页"动作，如图 8-3-2 所示。

根据表 8-3-1 所示内容，本作品中大部分页面均为动画和按钮的组合，此类功能相对简单，不再赘述创建过程。

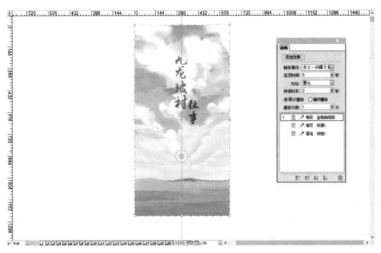

图 8-3-2 对象添加动画

在第 3 页中使用图像扫视的方式制作了镜头变化的效果。首先选中已置入版面的长图对象，点击鼠标右键菜单中的"互动→转为图像扫视"，按住 Ctrl 键拖动图片边缘节点，调整图像的默认可视范围，完成图像扫视互动效果的创建。接下来设置镜头摇移效果。点击图像扫视互动属性浮动面板中的"显示终止效果"，使用"穿透工具"选中图片向上拖动，直到图片的下边缘与图像扫视可视区域下边缘重合，如图 8-3-3 所示。

图 8-3-3 设置镜头摇移

第 4 页至第 12 页均为按钮、动画互动效果的制作。

第 13 页为动画、按钮、擦除互动效果。将"桌面灰尘"和"灶台灰尘"图片分别插入，放在指定位置，点击鼠标右键菜单中的"互动→擦除"将素材转为擦除互动效果，如图 8-3-4 所示。也可以直接通过"互动选项卡→擦除"选择素材，将互动组件插入版面。

图 8-3-4 转为擦除组件

选中互动对象，打开互动属性浮动面板，设置擦除互动属性：不透明度为默认 100％，擦除半径为 30px，勾选图片消失，设置为 20％，如图 8-3-5 所示，即可完成第 13 页的内容创建。

图 8-3-5 擦除互动属性

第 14 页为按钮及动画互动效果制作。

第 15 页为按钮、动画及自由拖拽互动效果制作。将"草丛"图片排入版面，选中图片对象，点击鼠标右键菜单中的"互动→自由拖拽"将图片转为自由拖拽互动组件，即可完成操作，如图 8-3-6 所示。

图 8-3-6 草丛自由拖拽组件

第16页至第29页为按钮及动画效果制作。

第30页为按钮、接力计数及动画互动效果制作。每只小麻雀都是按钮，并且控制接力计数的数字变化。点击数据选项卡中"接力计数"，将接力计数互动组件排入版面，勾选"自定义"字体，并选择方正劲黑简体字体，字号为一号，颜色为番茄红，粗斜体选择加粗，对齐方式选择居中对齐，初始位数为4，初始数字为0，计数方式勾选动作控制，关联与否选择不关联，如图8-3-7所示。

图 8-3-7 接力计数互动属性

226 • H5交互融媒体作品创作（第2版）

接下来添加小麻雀按钮，点击互动选项卡中的"按钮"，添加麻雀正常姿态和被抓的图片，如图8-3-8所示，点击"确定"将按钮排入版面。

图8-3-8　创建按钮

选中小麻雀按钮，在按钮浮动面板点击添加动作菜单中的自定义按钮动作。在基本信息选项卡设置按钮操作时的外观变化，"按下时"勾选"外观不改变"，"结束后"选择"外观2-麻雀被抓"；在动作设置选项卡选择调整接力计数，选中"单次调整"，调整方式为"相对值"，调整值设置为1，点击"增加"，如图8-3-9所示，点击"确定"完成设置，其他小麻雀按钮用相同方式设置动作，并摆放到随机位置，依次为其设置进入退出动画即可。

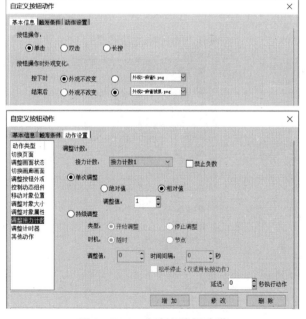

图8-3-9　自定义按钮动作

以同样的方式，在第 31 页、第 33 页、第 34 页制作相似的游戏效果。

第 32 页、第 35 页设置均为按钮及动画互动效果制作。

五　最终效果展示

至此案例制作完成。在这里，我们展示一下 H5 数字作品案例的最终效果和二维码，可以使用手机微信中的"扫一扫"功能，扫描二维码进行案例效果的浏览，如图 8-3-10 所示。

图 8-3-10　案例的最终效果及二维码

第四节　《小盆友过儿童节吗》H5 作品制作

一　案例背景与选题策划

近些年，随着短视频的兴起，我们会在网上看到众多家长分享关于孩子神奇"脑回路"的视频，让人开怀大笑的同时，不得不感叹孩子们丰富的想象力和对事物纯真的看法。在六一儿童节到来之际，可制作一部按照儿童思维方式设计的测试题 H5 作品，给各位"大盆友"们带来最简单直接的欢乐，同时祝"小盆友"们节日快乐。

功能需求与页面设计

这一作品的功能需求与页面设计如表8-4-1所示。

表8-4-1　功能需求与页面设计

页序	页面设计	交互设计	功能需求
1	作为作品封面，采用纯洁的白色花瓣为背景，俏皮的音乐烘托气氛，卡通的文字描述作品内容	1. 标题以动画形式出现 2. 花瓣以动感图像的形式在背景飞舞 3. 设计"点击测测你的心理年龄"按钮，用户可直接跳转至下一页	使读者在查看H5时有身临其境的感觉和沉浸式体验
2	将姓名输入框、头像照片上传框显著地摆放在版面中间，引导用户填写上传	1. 以文本控件的形式排入用户输入的姓名 2. 以照片控件的形式排入用户输入的头像 3. 设计"答题开始"按钮，用户可点击按钮直接跳转至下一页开始答题	引导用户提交资料，用于最终结果的生成
3—7	采用选择题的形式，包含题干和选项，选择后会给出结果反馈，并自动转至下一题	1. 在版面中排入不可见的接力计数组件，用于分数统计 2. 以按钮的方式呈现所有选项，点击按钮执行动作，显示正误反馈，调整接力计数分数，并跳转至下一页	引导用户答题，进行分数积累，并告知用户答案正误
8—13	按照报告单的格式设置，显示测试人名称和测试结果	1. 用数据关联的方式展示第2页用户填写的姓名 2. 用图片对比的方式模拟"开奖"的操作 3. 设计"生成海报"按钮跳转至下一页查看海报效果	增强用户参与感
14—19	将用户上传的头像与预设好的形象结合，生成海报	用数据关联的方式展示第2页用户上传的头像	促成转发和分享

平面展示效果

该作品的平面效果展示如图8-4-1所示。

图 8 - 4 - 1　《小盆友过儿童节吗》平面稿

互动配合与制作过程详解

打开飞翔软件，单击"新建文件"，新建一个竖版的标准页面，页面大小为宽 750 像素，高 1 125 像素。

将平面素材置入版面，添加动画效果。点击"互动选项卡→动感图像"，如图 8 - 4 - 2 所示，选择"花瓣"图片作为动感小图，背景选择"透明背景"，点击"确定"，将动感图像排入版面，并通过互动属性浮动面板进行属性设置。

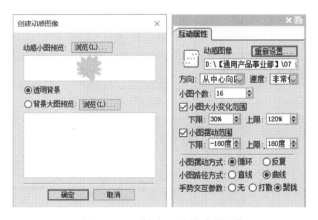

图 8 - 4 - 2　创建、设置动感图像

点击"互动选项卡→按钮"将"点击测试你的心理年龄"按钮排入版面，并通过"按钮"浮动面板添加动作"转至下一页"，完成后效果如图 8-4-3 所示。

图 8-4-3　效果图

作品第 2 页设计的是用户填写姓名、上传头像照片。置入平面素材后点击"数据选项卡→文本"，将文本控件排入版面，通过互动属性控制面板，设置控件的字号为"小特"，颜色为"黑色"。再点击"数据选项卡→照片"，将照片控件排入版面，并将占位图替换为此前设计好的图片。最后排入按钮，设置动作为"转至下一页"。完成后效果如图 8-4-4 所示。

图 8-4-4　效果图

　　第3页至第7页为答题页面，前4页功能完全一致，为错误选项按钮添加显示错误反馈、转至下一页动作，为正确选项按钮添加显示正确反馈、调整接力计数分数、转至下一页动作，具体操作如下。

　　将静态平面对象排入版面后，点击"数据选项卡→接力计数"，将对象放置在版面任意位置上，点击对象管理浮动面板，将接力计数组件设置为H5页面不可见，如图8-4-5所示，这样既方便我们制作时选择对象操作，又能保证在最终浏览作品时该对象不会显示在版面上。

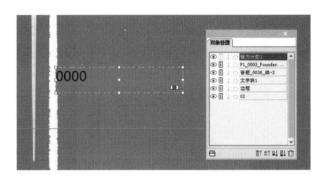

图8-4-5　设置接力计数为H5页面不可见

　　接下来我们按顺序插入事先准备好的选项按钮，并在选项右侧放置表示回答正确、错误的反馈图片，如图8-4-6所示。

图8-4-6　排入按钮和回答反馈

　　回答反馈图片在版面上最初应该是隐藏的，在点击选择答案后显示，所以我们点击打开对象管理浮动面板，将回答反馈图片也设置为H5页面不可见，后续我们将通过按钮动作控制反馈图片的显示。

　　最后我们为三个选项按钮添加动作。先选中"2人"按钮，这个按钮是一个错误答案，我们通过按钮浮动面板为按钮添加动作。点击添加动作菜单中的"自定义按钮动作"，在弹出对话框中的动作设置里，选择"调整对象属性"，找到错误反馈图片对象，将对象可见性改为"可见"，点击"增加"添加动作。另外我们再增加一条"转至页面→转至下一页"的动作，延迟时间设置为1秒，即可完成动作设置，如图8-4-7所示。设置延迟时间既保证了读者可以看到选择反馈，又能自动完成页面跳转。点击"确定"保存设置，完成创建。

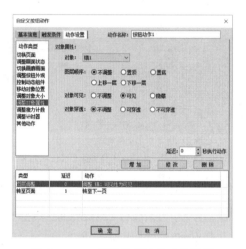

图8-4-7　错误选项按钮动作设置

我们可采用同样的方式对另一个错误答案按钮进行设置，唯一的区别在于控制显示的对象时要选择当前设置的按钮后面的对象。

为正确的选项答案按钮"3人"添加自定义按钮动作，除了控制对象显示、切换页面外，我们还需要调整接力计数数值，以最后统计测试结果。我们在调整接力计数动作设置时，要选择当前页面的接力计数控件，设置单次调整相对值为10，如图8-4-8所示。点击"确定"保存设置，完成创建。

在这里我们简单介绍一下调整计数的几种方式。单次调整代表一次性立即生效的调整；绝对值代表无论之前是什么数值，动作执行后都将数值调整到设置值；相对值代表在已有数值的基础上进行增减数值的调整；开始持续调整代表动作执行后数值持续发生变化，有两种调整时机，随时代表数值按照设定速度不断变化；节点代表数值按照设定的间隔，每N秒调整一次。

从第4页开始，我们在插入接力计数组件时，要通过互动属性浮动面板设置接力计数的数据关联效果，如图8-4-9所示，将接力计数组件关联到已有数据"接力计数1"上，这样我们才能保证每一页答题测试的结果分数都是在一个数据中进行统计的。

通过重复上述方式，我们第3—6页的答题页面就做好了。第7页和之前的区别在于，选择答案后不执行转至下一页的动作，增加显示"查看结果"按钮的动作，我们需要在"查看结果"按钮上通过触发条件判断跳转至不同的结果页面。

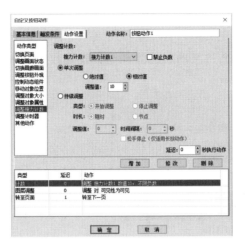

图 8 - 4 - 8　正确选项按钮动作设置

关联：[关联已有 ∨]
关联到：[接力计数1 ∨]

图 8 - 4 - 9　关联数据

选中"查看结果"按钮，打开自定义按钮动作浮动面板，如图 8 - 4 - 10 所示。特性选中"内容值"，对象选择"接力计数 5"（实际数据来源于关联的"接力计数 1"），判断方式为"等于"，判断类型为"值"，判断结果为"50"也就是五道题满分，点击"增加"完成触发条件的增加。动作设置为转至指定页"第 8 页"，这是我们满分的反馈页面，点击"增加"完成动作的设置。

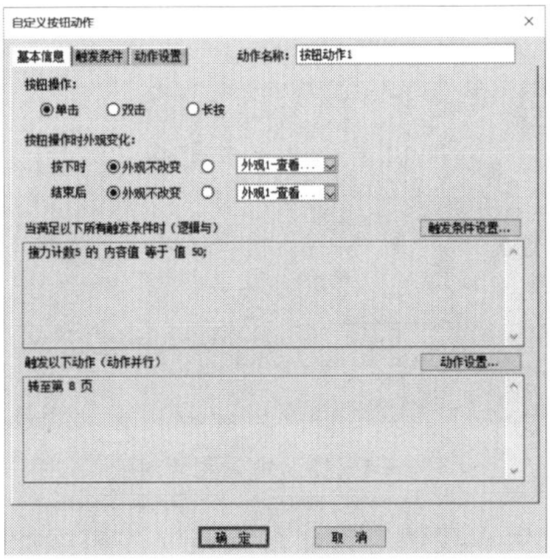

图 8 - 4 - 10　设置自定义按钮动作

我们继续以同样的方式创建动作，设置触发条件判断结果分别为"40""30""20""10""0"，对应跳转的页面分别为"第 9 页""第 10 页""第 11 页""第 12 页""第 13

页"，创建好后该按钮应包含六个按钮动作，如图8-4-11所示。

第8—13页是测试报告页面，页面主要由文本和图片对比组成。将平面元素排入版面后，插入文本控件，通过互动属性浮动面板设置数据关联，关联到已填数据"姓名"，如图8-4-12所示。

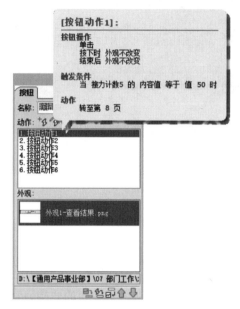

图 8-4-11　"查看结果"全部按钮动作　　　　图 8-4-12　文本组件关联数据

点击互动选项卡中的"图片对比"，将事先准备好的"揭开有奖"图片和带有毛边的展示开奖结果的图片，以图片对比的互动形式插入版面，并通过互动属性浮动面板，将对比的初始比例设置为100%，如图8-4-13所示。

图 8-4-13　排入图片对比

最后为提前排入的"生成我的心理年龄海报"按钮添加按钮动作，转至"第14页"，即可完成制作。

第9—13页的制作方式与第8页相同，可以直接通过版面右侧的页面视图复制页面，替换背景、图片对比素材，修改按钮跳转页面。

第14—19页是作品最终展示心理年龄海报的页面，海报包含静态人物图片、数据关联显示姓名的文本和照片。人物图片我们已经提前处理过，将脸部"挖空"，可将照片放置于人脸上"挖空"的位置，使用户上传的头像与人物图片结合在一起，形成最终的海报，如图8-4-14所示。

图8-4-14 效果图与照片数据关联设置

至此，此案例制作完成。在这里，我们展示一下H5数字作品案例的最终效果和二维码，可以使用手机微信中的"扫一扫"功能，扫描二维码进行案例效果的浏览，如图8-4-15所示。

图8-4-15 案例的最终效果和二维码

第九章

H5 制作综合
实践：出版领域

【学习要点】

目前，H5 在出版领域的应用并不常见，但具备多元互动，可以广泛为用户所了解、阅读的数字出版物呈现数量上的增长趋势。在本章中，我们就 H5 在出版领域的应用，进行探索，并结合一些成功的案例，对 H5 案例的选题、策划、制作等详情，进行综合的介绍。

第一节 《小兔子回家啦》H5 作品制作

一 案例背景与选题策划

中秋节来临之际，在此时间节点制作一个能够体现中秋节阖家团圆但依然有很多人坚守工作岗位、不能与家人团圆的 H5 作品，以此感恩所有的劳动者，同时祝福大家中秋节快乐。

制作者将作品命名为《小兔子回家啦》，运用中秋节传统意象"玉兔"的形象，以它的视角来看人类万家团圆但坚守工作岗位的人正在劳动的场景。作品采用长页面的形式，一是在视觉上以玉兔的视角从上往下不间断地观察，二是长页面更能营造中秋节万家团圆的氛围，在统一的设计风格下，能够呈现一体化的视觉效果，提高作品的现场感，给读者带来沉浸式的体验。读者在完成阅读后，文末的转发功能能够促成转发与分享，提高传播效率。

三 || 功能需求与页面设计

这一作品的功能需求与页面设计如表9-1-1所示。

表9-1-1　功能需求与页面设计

页序	页面设计	交互设计	功能需求
1	以意象化的月亮、小兔子和"小兔子回家啦"字样等作为封面的主要元素，蓝天背景、黄色月亮和白色小兔子的搭配醒目而清新。小兔子背上的月饼预示"中秋节"场景。白云上的一段文字介绍前情	1. 以长页面呈现 2. 加载页背景设计为蓝天、前景为"月饼"，以"饼形"为进度条设计，和封面遥相呼应	读者在查看H5时有场景代入感，将读者带入中秋节的氛围里
1	长页面继续下滑，分别展示天上"航天员""飞行员"的工作场景，接着以小兔子的视角分别展示"新闻工作者""修路工人""警察"等人的工作场景。页面继续下滑，展示小兔子的父母等待小兔子的场景，文末点题，感谢人类辛苦了	长页面展示，用户需要不断下滑才能观看，其中对话框、小元素等以动画形式呈现	增强用户体验感
1	封底页，中秋快乐图案，分享祝福及按钮	以动画形式出现，无须用户点击和交互	表达情感，升华主题，促成转发和分享

三 || 平面效果展示

该作品的平面效果如图9-1-1、图9-1-2、图9-1-3、图9-1-4所示。

图 9-1-1　平面

展示效果

（长页面效果）

图 9-1-2　平面展示效果（一）

图 9 - 1 - 3 平面展示效果（二）

图 9-1-4　平面展示效果（三）

四 // 互动配合与制作过程详解

打开飞翔软件，单击"新建文件"，选择长页面竖版模式，新建一个页面大小为360px * 6 650px的文档，如图9-1-5所示。

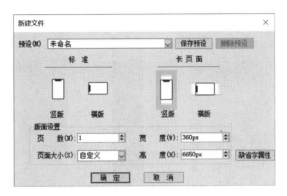

图9-1-5　新建文件

设置好的版面页如图9-1-6所示。

图9-1-6　版面页

点击插入选项卡中的"图片"按钮，在弹出的"排入图片"对话框中，选择素材的位置，将图片素材置入版面，并按呈现效果的位置进行摆放，如图9-1-7所示。为了更好地加载作品，提升阅读体验，我们建议大家在制作长页面背景时，将长图背景按照现在主流屏幕宽高比1∶2的比例，拆分成多个背景。例如案例中的作品，宽为360px，那么我们就按照背景图的高，每720px进行一次拆分，保证作品加载流畅。

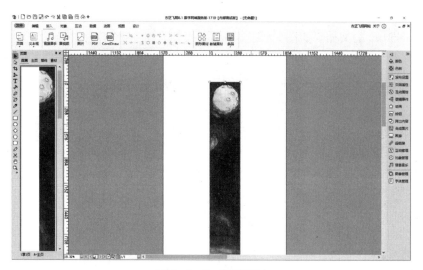

图9-1-7　摆放素材

接下来我们设置标题样式和动画互动效果。

依照此方法，将作为标题的几张图片一次性排入，放置在页面中想要摆放的位置，完成后效果如图9-1-8所示。

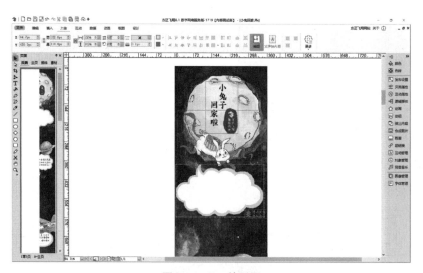

图9-1-8　效果图

图片排入后，按照设计稿上的文字，点击"文本框"，将文字输入版面，如图9-1-9所示。

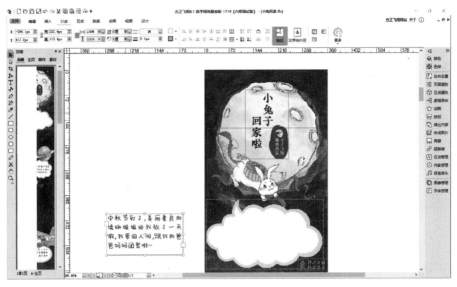

图 9 - 1 - 9　将文字输入版面

将文字排入版面后，按住 Shift 键，同时选中"云朵"和"文字"，按鼠标右键，在弹出的对话框中，选择"成组"，将"云朵"和文字块成组，以备之后做动画使用，如图 9 - 1 - 10 所示。

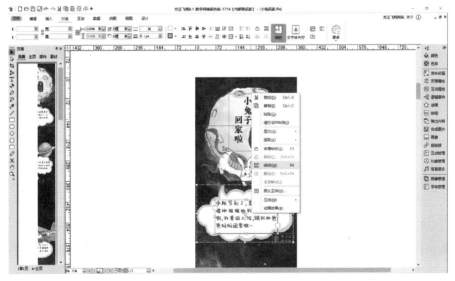

图 9 - 1 - 10　成组

成组完成后，点击动画选项卡，选择进入动画中的"渐变"效果。在动画浮动面板，将该动画的延迟时间设置为"1"秒、持续时长设置为"1"秒。则该处动画互动效果添加完成，如图 9 - 1 - 11、图 9 - 1 - 12 所示。

在长页面中，动画默认从对象进入"视窗"开始播放，因此只有载入页面一个固

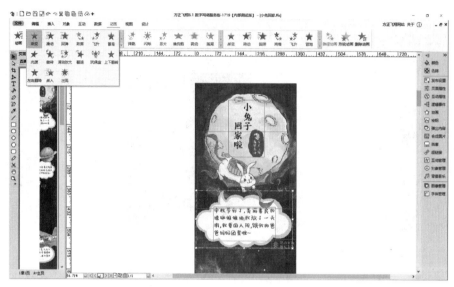

图 9-1-11 添加动画

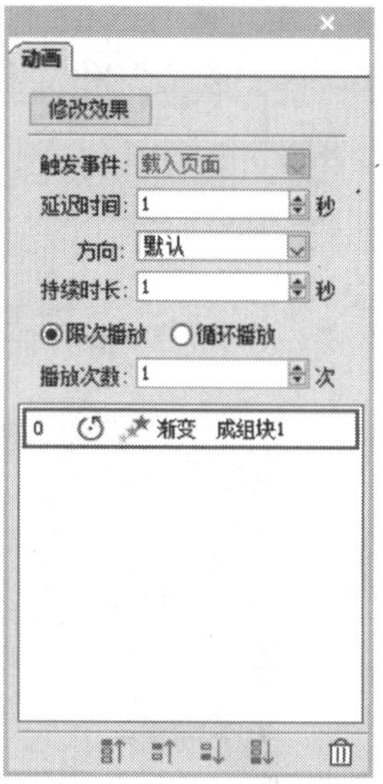

图 9-1-12 设置动画互动效果

定的触发事件，没有与上一个动画同时出现和上一个动画之后的触发事件。如果有这两种触发事件，会导致读者还没有看到对象，动画的播放就已经完成了，阅读体验不好。

接下来，在"航天员"位置处排入文字。依照上述方法进行"成组"，设置动画。在该案例中，所有的文字和背景都是以成组动画的形式出现的，均按照上述方法进行设置，如图 9-1-13、图 9-1-14 所示。

在此案例中，最后一页是按钮与弹出内容的互动效果。选中月饼图案，单击右键，选择"互动→转为按钮"，弹出按钮浮动面板，如图 9-1-15 所示。

图 9 - 1 - 13　排入文字内容

图 9 - 1 - 14　最终的动画互动效果

同时选中图案和文字，单击右键，选择"互动→转为弹出内容"，弹出内容浮动面板，如图 9 - 1 - 16 所示。

打开按钮浮动面板，为按钮添加动作。选择添加动作菜单中的"转至画面"，如图 9 - 1 - 17 所示。

在弹出的对话框中，选择"转至画面"，在弹出的对话框中，选择"对象名称"为"弹出内容 1"，如图 9 - 1 - 18 所示。

图 9 - 1 - 15　将图片转为按钮

图 9 - 1 - 16　将文字转为弹出内容

最终我们将长页面作品保存并同步至云端发布。长页面模式的 H5 作品的适配模式默认只提供"长页面适配"，无须修改。

五 ‖ 最终效果展示

至此，此案例制作完成。在这里，我们展示一下 H5 数字作品案例的最终效果和二维码，可以使用手机微信中的"扫一扫"功能，扫描二维码进行案例效果的浏览，如图 9 - 1 - 19 所示。

图 9-1-17　添加按钮动作

图 9-1-18　转至画面

图 9-1-19　案例的最终效果和二维码

第二节 《安徒生童话博物馆》H5 作品制作

一 案例背景与选题策划

该作品是以安徒生童话的故事为基础，以每一个童话故事为一个模块，采用博物馆陈列的形式制作而成的 H5。将作品命名为《安徒生童话博物馆》，一是想体现安徒生作为一个文学大家，在童话故事方面的天赋与成就，另一方面是想体现安徒生的童话故事像里程碑一样留在历史的长河中。博物馆的互动形式将童话故事以并列的形式放置在电子书作品中，可以同时彰显上述两个方面。

二 功能需求与页面设计

该作品的功能需求与页面设计如表 9-2-1 所示。

表 9-2-1　功能需求与页面设计

页序	页面设计	交互设计	功能需求
1	采用博物馆大门的形式，同时起到封面的作用	读者点击后可以跳转至下一页	使读者在查看 H5 时有身临其境的感觉和沉浸式体验
2	作为作品目录，划分了作品的两个部分，一部分是安徒生的生平事迹，名为"安徒生生平展"；另一部分是安徒生创作的童话故事的简介，名为"安徒生童话展"	读者查看此页时，可以点击两个不同的通道，从而跳转至不同的页面	与第一页参观博物馆的风格和体验保持一致
3	"安徒生生平展"采用了复古风格，以时间轴的形式展示了安徒生一生的成就	1. 以图像扫视的方式进行时间轴的浏览 2. 点击右上角的"安徒生童话展"按钮，跳转至安徒生童话的展示	在有限的屏幕内，通过交互展示了更多内容
4-7	安徒生童话展的内容，依次介绍海的女儿、拇指姑娘、丑小鸭、皇帝的新衣等几部安徒生的代表作	用户点击画框，即可弹出介绍童话详细内容的窗口，用户可以通过窗口中的交互内容对童话进行查看	风格和体验保持一致
8	答题页面，读者需要根据之前查看的童话展内容以及自身对安徒生的了解进行答题	选择正确或选择错误，应弹出相应的结果，并伴有音效	检验用户对作品的阅读情况，加深用户对内容的理解和记忆
9	版权信息	无	无

平面效果展示

作品的平面效果如图 9-2-1 所示。

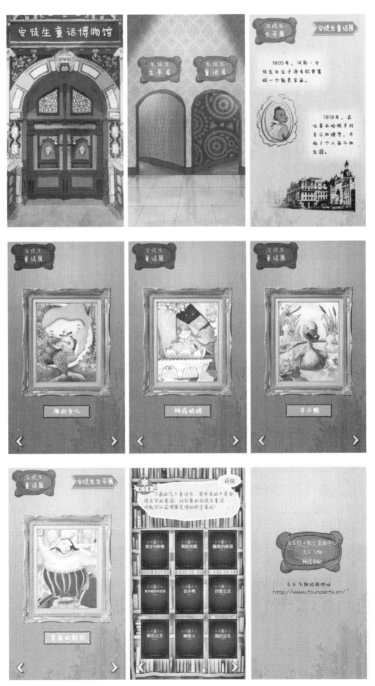

图 9-2-1 《安徒生童话博物馆》平面稿

四 ||| 互动配合与制作过程详解

打开飞翔软件，单击"新建文件"，新建一个竖版标准页面，页面大小为 750px ∗ 1 334px 的文档，如图 9-2-2 所示。

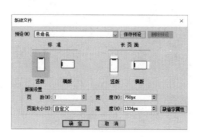

图 9-2-2 新建文件

运用图片处理工具进行素材处理与按钮的制作，素材尺寸根据实际情况决定，一般除长图外不超过 750px ∗ 1 334px，分辨率为 72dpi，保存格式为 JPG 或 PNG。

点击插入选项卡中"图片"按钮，选择素材的位置，依次置入背景等无交互素材，并按呈现效果的位置进行摆放。

这里我们可以将文字与图片进行预处理并将其直接作为图片插入，也可以在飞翔中输入或排入相关内容的文字，在这里采用前一种方式进行演示。

接下来我们分页进行交互稿制作。第 1 页是安徒生博物馆的大门，交互为按钮跳转。

首先我们添加按钮，按钮在本页面中是一个透明的热区，用户点击该区域的任何一部分，都可以进行跳转。添加热区的按钮，具体的操作为使用矩形工具在版面上按照热区大小绘制矩形，将线型设置为空线，点击按钮浮动面板中的▣，将矩形块转为热区按钮，如图 9-2-3 所示。

接着添加按钮动作为"转至下一页"，如图 9-2-4 所示。

图 9-2-3 图元转按钮   **图 9-2-4 添加按钮动作**

　　按此操作方式，我们也可给第 2 页的两个热区按钮添加跳转至相应页面的效果，如图 9-2-5 所示，"安徒生生平展"热区按钮设置"跳转至下一页"，"安徒生童话展"热区按钮设置跳转至第 4 页。这样，作品封面以及目录引导中的按钮互动效果就完成了。

图 9-2-5　第 2 页制作效果

　　接下来我们要制作第 3 页，也就是安徒生生平展的部分。安徒生生平展使用的是一张横版的生平介绍长图，用户通过滑动长图查看内容，这里使用到的是图像扫视互动效果。

　　制作图像扫视的具体操作为，点击互动选项卡中的"图像扫视"，选择提前设计好的用于制作图像扫视的横版长图。单击"确定"后，出现排入图片的标记，在版面任意位置点击鼠标左键，即可完成图像扫视组件的排入。

　　在这里我们可以看到，最终效果呈现的图片显示部分应为手机屏幕，我们要实现的效果是用户在手机屏幕上上下滑动，查看长图中其余的部分。因此我们的图像扫视显示区域应该与屏幕大小相同，我们既需要将图像扫视的长图大小调整为与屏幕同高，也需要调整图像扫视显示区域的大小，使其与屏幕可见区域相同。

　　调整图像扫视大小的操作方式是，选中图像扫视组件，按住 Shift，拖动图像某一个角的节点进行等比例放大，使长图的高度与屏幕显示区域等高。调整图像扫视显示区域的操作方式是，选择图像扫视组件，按住 Ctrl，拖动图像扫视任意边框的节点，即可缩小图像扫视显示区域。此时可以看到节点右侧的部分变成了半透明的效果，这是初始状态不在屏幕中显示的部分，继续拖动，使该区域与屏幕大小一致并完全重叠即可，如图9-2-6所示。

图9-2-6　图像扫视制作效果

同时，也可以对图像扫视的互动参数进行调整。由于用户需要在浏览页面时手动滑动长图，因此该图像扫视的参数维持默认即可，不用进行额外的设置。

在图像扫视的右上角，还有一个名为"安徒生童话展"的按钮，点击后会离开图像扫视页面，跳转至安徒生童话的展示页，点击互动选项卡中的"按钮"，选择按钮外观图片，点击"确定"将按钮插入版面，并将按钮动作设置为"跳转至下一页"。

第4页的互动效果为点击按钮会弹出《海的女儿》的童话介绍和视频，点击视频的播放按钮可以进行视频的播放。这里首先进行视频的排入和播放参数的设置，然后进行按钮和弹出内容的设置。

需要注意的是，视频在静止状态下是一个特殊的静态图片，若想制作视频形式的动态封面，具体的操作方法是，点击插入选项卡中的"图片"，选择按钮文件夹中的封面图片，完成封面图片的添加。

接着，选中封面图片，单击右键，选择右键菜单中的"互动→音视频"，找到需要添加的视频，点击"打开"，即可完成视频内容的添加，如图9-2-7所示。通过互动属性浮动面板进行参数设置，这里我们将播放的效果勾选设置为"显示播放控制"，如图9-2-8所示。

图 9-2-7　排入视频

图 9-2-8　视频互动属性

　　由于视频连同窗口是弹出内容的一部分，将视频移动到窗口文字下方的空白位置，按 Shift 同时选中两者，点击"互动选项卡→转弹出内容"，会将半透明窗口和视频转为同一个弹出内容，即"弹出内容 1"的"画面 1"，如图 9-2-9 所示。

　　点击按钮弹出内容，按钮的制作方式在前面的页面中已经介绍过，这里不再赘述，只要将添加按钮动作选择为"转至画面"，然后选择对象名称为"弹出内容 1"，画面为"画面 1"即可。如果一个页面内有多个弹出内容，可以为不同的弹出内容命名，以方便查找。点击"确定"后将按钮放置在相应的位置上即可完成创建，如图 9-2-10 所示。

　　另外，在本页的左下角与右下角，有翻页图标按钮，两个翻页按钮制作的方法与前面的所有按钮一致，分别添加按钮动作为"跳转至上一页""跳转至下一页"，即可

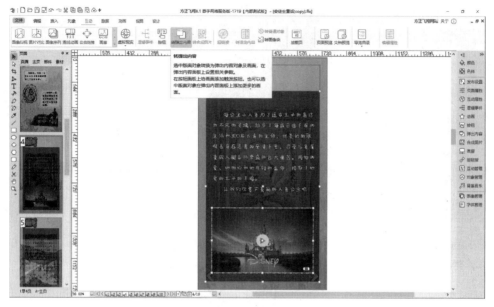

图 9-2-9　转为弹出内容

图 9-2-10　按钮动作的设置

完成制作。随后几页的翻页按钮均与此页一致，因此选中两个翻页按钮进行复制，再粘贴至其他页面的相同位置即可。

　　第5页为童话《拇指姑娘》页面，本页的交互是点击相框后会弹出窗口，并需要用户在窗口的画面内寻找拇指姑娘的身影。因此使用到的互动效果为按钮与弹出内容、图像扫视。图像扫视的制作基本与第3页一致，在此不再赘述。同时选中半透明窗口和图像扫视组件后，也可以单击右键，选择"互动→转为弹出内容"，此时半透明窗口和图像扫视组件会被转为同一个弹出内容，即弹出内容1的画面1，然后设置热区的按钮动作为弹出内容1的画面1，如图9-2-11所示。

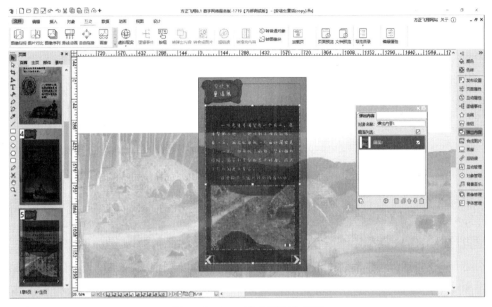

图 9 - 2 - 11　第 5 页制作效果

　　第 6 页的《丑小鸭》童话中，童话主角由丑小鸭变成白天鹅的互动效果为滑线动画。在处理用于滑线动画的图片素材时，我们需要在图像处理工具中将该内容处理为一组连续的图片，并按顺序命名，分别放置在三个不同的文件夹中，以便对应节点位置。

　　点击互动选项卡中的"滑线动画"，选择提前准备好的"滑线动画"文件夹，即可按文件夹、按图片的名称顺序置入图片，单击确定后排入滑线动画组件，并在互动属性浮动面板中对滑线动画的参数进行设置。该互动效果比较简单，因此可以按照默认方式进行设置，如图 9 - 2 - 12 所示。

图 9 - 2 - 12　滑线动画互动属性

　　同样，将滑线动画组件放置在半透明窗口的文字下方，同时选中两者并转为弹出内容，将按钮的动作设置为"转为该画面"。最后粘贴前面的翻页按钮，即可完成该页面的制作。

　　童话展最后一页是童话《皇帝的新衣》，采用的是图像对比互动效果，国王的形象是相同的，通过图像对比可以查看其穿着衣服和没穿衣服的图片。具体的制作方法是，点击互动选项卡中的"图像对比"，选择按钮文件夹中提前准备好的两张对比图片，单击"确定"。排入组件后，在互动属性浮动面板中进行图像对比的参数设置，飞翔提供了默认的图片对比分界线图标，我们也可以点击"自定义"，选择准备好的图片，将拖动按钮设置为小星星的形状，另外设置对比方向为垂直对比，初始比例显示为100%，这样即可完成互动效果制作。同样，将图像对比交互组件移动到页面合适的位置，选中图像对比组件与半透明窗口图片，可进行弹出内容的添加，以及按钮动作的制作。

　　第8页是网页视图，点击互动选项卡，再点击"网页视图"，将HTML页面置入。制作该网页需要具备一定的素材处理和网页制作的基础，在此案例中不作为重点描述，但需要注意的一点是，使用网页视图，一定要确定只将和网页有关的文件、文件夹放到一个目录下，不要选择磁盘根目录等大型目录下的网页HTML文件，否则会让程序认为和HTML文件同级目录下的所有文件都是这个网页文件的一部分，从而引发错误。

　　最后一页为作品的封底，本页没有设置互动效果。因此，将处理好的带有文字内容的封底调整好大小，放置到页面的适当位置，即可完成该页面的制作，如图9-2-13所示。

图9-2-13　封底制作效果

最终效果展示

　　至此，此案例制作完成。在这里，我们展示一下 H5 数字作品案例的最终效果和二维码，可以使用手机微信中的"扫一扫"功能，扫描二维码进行案例效果的浏览，如图 9 - 2 - 14 所示。

图 9 - 2 - 14　案例的最终效果和二维码

第三节　∥　《妈妈要去打怪兽》H5 作品制作

　一　∥　**案例背景与选题策划**

　　2020 年初，新冠肺炎疫情暴发。面对严峻的疫情防控形势，有这么一群人，他们战斗在看不见的战场，面对的是看不见的"敌人"，守护的是一座城的健康，因为他们的守护，我们可以和家人在家平安团圆，而为了守护我们共同的家，他们不得不和自己的小家暂时分离。为了致敬疫情前线的医护人员，北京科学技术出版社推出了主题公益绘本《妈妈要去打怪兽》，送给那些目送妈妈奔赴疫情一线的孩子们，让这些最美逆行者和他们的亲人，可以用绘本的形式向孩子解释为什么妈妈这个春节不在家，让孩子更好地理解病毒，并且希望在这个特殊时期，给这些医护人员的孩子带来一些抚慰和力量。

　　该作品以《妈妈要去打怪兽》绘本为原型，用 H5 的形式进行内容呈现，更加生动活泼地展示了绘本的主要内容，让读者在交互中了解了病毒的破坏性，更感受到医护人员的无畏精神和奉献精神，正能量十足，给孩子埋下了一颗责任感和世界观的种子。

三 功能需求与页面设计

该作品的功能需求与页面设计如表9-3-1所示。

表9-3-1　功能需求与页面设计

页序	页面设计	交互设计	功能需求
1	本页显示的是作品名称，并且通过小女孩向妈妈提问"妈妈，你又要出门啊"引出整部作品，小拳头引导用户继续阅读	小女孩与妈妈、标题、小拳头等元素按动画效果依次出现；图像序列实现了两个翅膀飞舞的效果；小拳头设置了按钮和冒泡动画，支持点击跳转至下一页	此页引出作品主题，并引导用户继续阅读，了解故事
2	页面模拟了一家人看春晚的场景，突然手机出现微信消息提示"明早八点医院门口集合"，闪烁的小手引导用户点击消息前去支援，从而引发后续的故事	通过加入的音频展现了鞭炮声和春晚的声音，将用户带入春节场景，手机提示消息设置按钮及冒泡动画，点击弹出微信消息，去支援的小手引导用户点击跳转至下一页	用户阅读此页明确故事背景，看到微信消息后，点击消息前去支援，继续阅读
3	页面中显示妈妈拿着行李箱，摸着小女孩的头，并且展示了女孩和妈妈的一系列对话	页面将小女孩和妈妈的对话制作成弹出内容，引导用户点击弹出，之后可以通过点击小拳头跳转至下一页	此页让用户点击查看对话内容，让读者感同身受，十分打动人
4	页面中出现城市，之后城市被巨大的病毒覆盖，通过文字内容向用户展示了目前城市中很多人生病的现状	页面中城市、病毒、小拳头等元素按动画效果依次出现，小拳头设置了跳转至下一页的按钮动作	此页让用户了解到了现在的城市正在被病毒入侵
5	页面中的小女孩拿着放大镜在探索一只下蛋母鸡，随后出现"什么是病毒"的搜索框，引导用户去了解什么是病毒	页面小女孩、母鸡、搜索框等元素按动画效果依次出现，搜索框位置设置按钮，点击可以弹出对病毒的介绍，阅读结束点击小拳头跳转下一页	此页展示了小女孩去探索什么是病毒，并科普病毒知识
6	页面中展现了免疫系统与新冠肺炎病毒激烈对抗的情景，并且引导用户拖动小拳头，查看完整的对免疫系统与新冠肺炎病毒的介绍	页面灵活使用图片对比互动效果，将两张图片通过设置50%展示类似于一张图片，并且可以左右滑动拳头查看详情。阅读结束后点击小拳头跳转至下一页	此页引导用户滑动小拳头查看免疫系统和新冠肺炎病毒详情，起到科普的作用

续表

页序	页面设计	交互设计	功能需求
7	页面展示了人们生病后呼吸困难、卧病在医院的场景，介绍了呼吸困难就像掉在水里，并且展现了目前城市的人都关闭城门，加强防护的场景	页面使用了图像扫视互动效果，支持用户上下滑动查看更多目前城市中人民的生活状况，阅读结束后点击小拳头跳转至下一页	此页引导用户上下滑动，了解目前城市中人民的生活状况
8	页面模拟了微信聊天的场景，呈现了小女孩和妈妈的沟通内容，小女孩求知若渴，用善良纯洁的眼神望着伟大的妈妈	页面中聊天记录等元素采用动画效果一次出现，最后引导用户通过点击一起去帮助他们	此页面让读者了解到妈妈已经奔赴现场，小女孩通过微信与其进行交流
9	页面呈现出防护服、护目镜、口罩、测温计等医疗物资，引导用户将其拖至捐物箱中，并且支持打包后，捐物箱飞出	医疗物资设置了自由拖拽，支持用户将其拖拽至捐物箱中，打包完成后，设置好动画效果并转为弹出内容的捐物箱会弹出	此页衔接上页，通过捐赠医疗物资支持城市中的人
10	页面展示了医护人员齐心协力，做足防护，与病毒做斗争的场景	页面使用了图像扫视互动效果，支持用户上下滑动查看医护人员与病毒斗争的场景，阅读结束后点击小拳头跳转至下一页	此页引导用户上下滑动，了解了目前医护人员的工作状态
11	页面呈现了医护人员为了和病毒抗争做出的多种付出和牺牲，展示了医护人员的伟大	页面使用了画廊互动效果对多种场景进行展示，引导用户左右滑动观看，阅读结束后点击小拳头跳转至下一页	此页让用户左右滑动查看多种场景，了解医护人员的不易
12	页面呈现了小女孩和妈妈的对话，支持读者听、看内容，吸引用户阅读下一页	页面中的对话内容设置了动画效果，依次出现，并且添加女孩和妈妈对话的音频，阅读结束后点击小拳头跳转至下一页	此页支持用户听、看对话内容，让用户感同身受
13	页面呈现了小女孩和妈妈拥抱的场景，并且问妈妈"为什么还要去打大怪兽"	页面中女孩和妈妈拥抱、医药箱、对话等元素设置了动画效果，依次出现，使用图像序列呈现气球的升起和消失，阅读结束后点击小拳头跳转至下一页	此页支持用户继续听、看对话场景
14	页面呈现了妈妈对小女孩问题的回答，并且展示了两双手和请战书，引导用户拖动请战书	页面中对话内容、双手、请战书等元素设置了动画效果，依次出现，请战书使用的是自由拖拽互动效果，支持将请战书递交，阅读结束后点击小拳头跳转至下一页	此页引导用户操作，将请战书递交至妈妈手中，场景感人

续表

页序	页面设计	交互设计	功能需求
15	页面呈现了妈妈向小女孩解释"勇敢"的含义，并且飘动着医护人员齐心协力，一起加油的照片	页面中文字内容、飘动的照片等元素设置了动画效果，依次出现，使用图像序列制作飘动的照片，添加音频使读者可以听到妈妈的声音，阅读结束后点击小拳头跳转至下一页	此页支持用户听、看"勇敢"的含义
16	页面呈现了医护人员伟大的身影，背影上"爱你"的字眼展示出母爱的伟大，小女孩对妈妈说的话温馨动人	页面中医护人员身影、文字内容等元素设置了动画效果，依次出现，添加音频，支持用户听到小女孩的话语，阅读结束后点击小拳头跳转至下一页	此页支持用户听、看小女孩的话语
17	页面呈现医护人员工作生活的场景，并且支持用户点亮每张照片，最后出现致敬医护工作者的内容，结束整部作品	页面中四个医护人员的工作生活场景、文字内容设置了动画效果，依次出现，并且每张图片设置了按钮，点击后会弹出被点亮的彩色图片，阅读结束后点击小拳头跳转至下一页	此页引导用户点亮所有图片，最后致敬工作者，整部作品结束

三 ⫽ 平面效果展示

作品的平面效果如图 9-3-1 所示。

四 ⫽ 互动配合与制作过程详解

打开飞翔软件，新建竖版标准页面大小为 640px ＊ 1 040px 的新文档。

使用图片处理工具对素材进行处理，尺寸大小不超过 640px ＊ 1 040px，分辨率为 72dpi，格式保存为 JPH 或 PNG。在飞翔中点击插入选项卡中的"图片"按钮，选择素材的位置，一次性置入背景等无交互素材，并按照呈现效果的位置进行摆放。

可以将文字与图片进行预处理并将其直接作为图片插入，也可以在飞翔中输入或排入相关的文字。

接下来分页进行交互稿制作。

第 1 页是作品封面，使用了图像序列和按钮互动效果，并为作品添加了背景音乐。先为标题、人员等静态元素添加动画效果，然后点击互动选项卡中的"图像序列"，选择飞舞翅膀所在文件夹，点击"确定"即可将翅膀插入页面中，如图 9-3-2 所示。

图9-3-1　《妈妈要去打怪兽》平面稿

点击互动选项卡中的"**按钮**"，选择拳头图片，将按钮排入版面并前往右侧按钮浮动面板为其添加动作，选择"切换页面→转至下一页"，如图9-3-3所示，完成设置。

第2页的互动效果为嵌套按钮弹出内容。首先插入"去支援小手"按钮，并设置动作为"转至下一页"。接着点击插入选项卡中的"音视频"，将微信弹出消息提示音插入版面，并按住Shift，使用选取工具将"去支援小手"按钮、"去支援"文字块、"支援湖北小分队微信信息"图片、微信提示音共同选中，转为弹出内容，如图9-3-4所示。

图9-3-2　插入图像序列

图9-3-3　设置按钮动作

图9-3-4　转为弹出内容

　　将"手机"图片转为按钮，设置按钮动作为"转至弹出内容1全部画面"，配合音频设置动画效果即可完成本页互动效果的制作，如图9-3-5所示。

图9-3-5　第2页制作效果

第3页、第5页的互动效果与第2页相同，都为按钮弹出内容，将设置好动画效果的图片与音频同时选中，转为弹出内容，设置点击按钮弹出。第4页、第8页为单纯的动画效果的制作，在此不过多赘述。

第6页使用图片对比互动效果，介绍了免疫系统和新冠病毒。点击互动选项卡中的"图片对比"，选中提前设计好的两张图片，点击"确定"将其排入版面，并将互动属性设置为初始显示比例50%，水平对比。插入的图片上下关系可以通过点击"对比图片互换"调整；自定义对比分界线，选择"小拳头"为分界线，如图9-3-6所示。

图9-3-6　图片对比设置

第7页使用图像扫视制作类长页面内容展示。点击互动选项卡中的"图像扫视"，将准备好的长图排入版面。按住 Shift 键拖动节点，等比例进行缩放，将互动对象的宽度调整至和版面宽度一致，也可以通过对象选项卡直接设置宽为640px，X、Y坐标的位置均为0。按住 Ctrl 键拖动节点，调整默认显示范围，最终效果如图9-3-7所示。

图9-3-7　图像扫视互动效果

第9页为通过自由拖拽互动效果收纳物资，并通过动画及按钮弹出内容展现打包运送的效果。点击互动选项卡中的"自由拖拽"，依次将"防护服""护目镜""口罩"等图片使用自由拖拽的互动形式排入版面，完成自由拖拽的设置。

为"捐款箱""飞舞翅膀""与背景同色图片"设置滑动退出动画，方向为从右上部退出。之后将其转为弹出内容，并设置"打包"按钮的动作为"转至弹出内容1画面1"，即可实现点击按钮后物品被运送出去的动效，如图9-3-8所示。

第10页同样为采用图像扫视制作的类长页面内容展示，这里不再进行详细讲述。

第11页为画廊互动效果，点击互动选项卡中的"画廊"，选择预先准备好的三张图片，点击"确定"将素材排入版面即可完成设置，如图9-3-9所示。

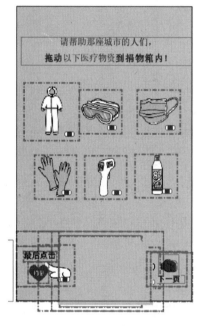

图9-3-8 打包物资的效果

图9-3-9 画廊互动效果

后续的页面均由简单的互动效果完成创建。第12页、第16页为音频及动画互动效果。第13页、第15页为音频及图像序列互动效果。第14页为自由拖拽互动效果，需要设置距离限制，第六章中的自由拖拽互动效果部分已经详细介绍过设置方式。

第17页为按钮弹出内容制作，将"彩色图片"设置为弹出内容，"灰色图片"为按钮，依次设置按钮动作，控制弹出内容的画面显示，如图9-3-10所示。

图 9 - 3 - 10 第 17 页制作效果

五 ▌ 最终效果展示

至此案例制作完成。在这里，我们展示一下 H5 数字作品案例的最终效果和二维码，可以使用手机微信中的"扫一扫"功能，扫描二维码进行案例效果的浏览，如图 9 - 3 - 11 所示。

图 9 - 3 - 11 案例的最终效果和二维码

专用名词术语表

H5

H5，实际上可以理解为一个移动网页，它是一个多项技术与技术标准的集合，除了 HTML5 技术标准以外，还运用到 CSS 语言、JS 语言，可以调用前端与后端功能，实现多种动态效果和视听效果。

如果追溯 H5 兴起的源头，我们会发现 H5 起源于中国的互联网营销领域，在尝到 H5 的甜头之后，广告行业、传媒行业、互联网行业纷纷试水 H5，让这种移动网页的形态进一步流行与发展。

H5 可以呈现网页和微信文章的内容，可以呈现与 PPT 类似的动效，可以融入视频、音频等融媒体素材，可以像 APP 一样进行交互、被浏览，甚至还可以像游戏一样利用手机的传感器引发内容情节的变化等。但 H5 又不是上述这些形态中的任何一种，而是一种独立的作品形态。

第五代超文本标记语言 (Hyper Text Markup Language 5.0，HTML5)

超文本标记语言（HTML）由 W3C 万维网于 1994 年发明，主要作用是标记我们今天看到的大多数网页框架，也可以简单地理解为，HTML 标记了网页元素的一系列位置。随着时间的推移，从 1994 年到 2004 年，HTML 进行了 5 次升级，才有了今天的第五代超文本标记语言 HTML5。

在升级过程中，HTML5 中增加了新的标记，并将新的标记融入了浏览器中，这使得浏览器真正摆脱了 Flash 第三方插件控制，能够独立完成例如视频、声效甚至是画面操作。鉴于这一点，HTML5 替代 Flash，成了新一代的互联网技术标准。

层叠样式表（cascading style sheets，CSS）

层叠样式表是一种用来表现 HTML 等文件样式的计算机语言。CSS 不仅可以静态地修饰网页，还可以配合各种脚本语言动态地对网页各元素进行格式化。CSS 能够对网页中元素位置的排版进行像素级精确控制，支持几乎所有的字体字号样式，拥有对网页对象和模型样式编辑的能力。

JavaScript（JS）

JavaScript 主要用来向 HTML 页面添加交互行为，最早是在 HTML（标准通用标记语言下的一个应用）网页上使用，用来给 HTML 网页增加动态功能。它的解释器被称为 JavaScript 引擎，是浏览器的一部分，广泛用于客户端的脚本语言。

移动网页

移动网页是可以在移动设备上查看的网页。移动网页支持跨平台，无安装成本，用户只需要输入 URL（网址）即可访问，一个浏览器就满足了用户查看网页信息的需求。

虚拟现实（virtual reality，VR）

虚拟现实技术系统是一种可以创建和体验虚拟世界的计算机仿真系统，它利用计算机生成一种模拟环境，是一种多源信息融合的交互式的三维动态视景和实体行为的系统仿真。

虚拟现实技术主要包括模拟环境、感知、自然技能和传感设备等方面。模拟环境是指由计算机生成的实时动态的三维立体逼真图像。理想的虚拟现实应该囊括一切人所具有的感知。除计算机图形技术所生成的视觉感知外，还有听觉、触觉、力觉、运动等感知，甚至还包括嗅觉和味觉等，也称多感知。自然技能是指由计算机来处理与参与者的动作（包括人的头部转动，眼睛、手势或其他人体行为动作）相适应的数据，并对用户的输入做出实时响应，并分别将这种响应反馈给用户的五官。传感设备是指三维交互设备。

增强现实（augmented reality，AR）

增强现实是一种实时地计算摄影机影像的位置及角度并加上相应图像的技术，这种技术的目标是在屏幕上把虚拟世界套在现实世界上并实现互动。增强现实技术不仅展现了真实世界的信息，而且将虚拟的信息同时显示了出来，两种信息相互补充、叠加。在视觉化的增强现实中，用户利用头盔显示器，把真实世界与电脑图形合成在一起，体验二者的结合。

增强现实技术包含了多媒体、三维建模、实时视频显示及控制、多传感器融合、实时跟踪及注册、场景融合等新技术与新手段。增强现实提供了在一般情况下与人类可以感知的信息不同的信息。

页面自适应（responsive web）

页面自适应，指的是网页的页面可以自动适应不同大小的屏幕，并根据屏幕宽度自动调整布局。2010 年，伊森·马考特（Ethan Marcotte）提出了"自适应网页设计"这个名词，指可以自动识别屏幕宽度并做出相应调整的网页设计，即"一次设计，普遍适用"。

页面安全区

由于 H5 有页面自适应的特点，因此在 H5 设计过程中，制作者为了整体页面有空间感、不拥挤、阅读舒适，需要预留出页面的"天头地脚"，控制页面安全区。页面安全区这个概念，类似于图书版面设计中版心的概念，由于 H5 页面的空间非常有限，所以这个安全区的概念就比图书更加重要，尤其是当大段文字、按钮、视频、互动出现的时候，一定要确保这些内容处于安全区内，一是为了观看的舒适和美观，二是为了交互操作和互动效果不受影响。

对于页面安全区，没有一个明确的数值，它是一个灵活的概念，只要避免元素和内容超出视觉舒适和操作舒适的范围即可。我们需要有页面安全区的概念，并根据具体的 H5 设计制作情况，来进行安全区数值的确定与调整。

功能需求（functional requirement）

功能需求是指用户利用产品的功能来完成任务，满足自身需求。功能需求衍生于用户需求，有助于设计人员和开发人员寻找并实现需求目标。

交互需求（Interactive Requirement）

交互需求是指用户需要进行交互，以便能够达成体验或查看页面的目的。交互需求从用户需求衍生而来，是用户对交互操作的需要。

表现型字体

表现型字体能够突出主题、渲染气氛，达到吸引读者眼球的目的。

功能型字体

功能型字体是承载描述性文字信息的字体。

字重（weight）

指字体的粗细程度。

字号（font size）

即字体的大小。中文字体的字号度量单位用"点"（point）或"号"来表示。

行距（row spacing）

也称行高，是指相邻两行文字基准线（如中文字身框沿线、西文基线等等）之间的距离。通常情况下，中文的行距是以中文字身框沿线为基准的，其行距值的测算方式是：横排时从前一行文字字身框的下沿线至后一行文字字身框的下沿线；竖排时从前一行文字字身框的右沿线至后一行文字字身框的右沿线。

版面率

版面率指的是一张平面作品内全部元素占整个版面的比率。

留白

留白指的是版面中不加任何设计装饰的空间，并非仅仅指白色空间，任何颜色的版面都可以存在留白。

图版率

图版率指的是 H5 页面中图片所占面积占整个版面的面积，图片元素越多，图片本身面积越大，图版率越高。当 H5 页面的整个版面全部都是文字时，图版率为 0。

交互设计（interaction design）

又称互动设计，是定义、策划人造系统行为的设计。它定义与人造物的行为方式（the "interaction"，即人工制品在特定场景下的反应方式）相关的界面。

容错（fault tolerance）

计算机通信术语，是指当系统在运行时有错误被激活的情况下仍能保证不间断提供服务的方法和技术。

界面设计（user interface design，UI Design）

是指对软件的人机交互、操作逻辑、界面美观的整体设计，也叫界面设计。好的

UI 设计不仅能使 H5 页面变得有个性有品位，还能使操作变得舒适简单、自由，充分体现 H5 的定位和特点。

思维导图（the mind map）

思维导图是表达发散性思维的有效图形思维工具，思维导图运用图文并重的方式，把各级主题的关系用相互隶属与相关的层级图表现出来，为主题关键词与图像、颜色等建立记忆链接。

思维导图绘制，通常采用通过一个中央关键词或想法引起形象化的构造和分类的思路，用一个中央关键词或想法以辐射线形连接所有的代表字词、想法、任务或其他关联项目。

打包（package）

预飞结果无误、版面定稿后，将文档中的所有静态和动态对象、飞翔互动文档或工程文件存放在一个文件夹中，方便将它们拷贝到其他机器上，并能正常打开，不缺失任何信息。

热区（hot zone）

热区就是在网页页面上进行链接跳转的一个区域。用户使用鼠标点击，或手指触屏时，可以在这一区域实现跳转。在 H5 页面设计中，为了更好的用户触控体验，需要设置相对大一些的热区，热区操作与手机本身的触控操作有所区别，以避免用户误操作。

加载页（load page）

在浏览网页之前，网页需要一个加载过程，此时出现的页面就是加载页。在 H5 的设计过程中，为了能够给用户带来更好的等待体验，制作者通常会选择多元的加载页样式，如添加百分比、加载条、动画效果、有趣的画面等。

表单（form）

表单指的是在网页中进行数据采集的功能模块。如 H5 页面中出现的用于使用户在页面上填写信息的文本框、密码框、隐藏域、多行文本框、复选框、单选框、下拉选择框和文件上传框等。通过表单，可以收集到前台用户填写的信息，这些信息通常可以在后台进行记录、展示和下载。

长页面

长页面是目前比较流行的一种 H5 制作形式，即用一个单一的、较长的页面呈现 H5 的互动与内容。长页面比较适合展示叙事性内容，采用线性叙事的方式，可以清晰地依次呈现同一级别页面的内容。另外，长页面也比较适合展示连续、相对冗长的内容，比几个单独页面的呈现效果更加具有连续性，用户体验也更好。

图书在版编目（CIP）数据

H5 交互融媒体作品创作/周德旭主编；樊荣，陈富豪，贾皓副主编．--2 版．--北京：中国人民大学出版社，2023.1

普通高等学校应用型教材．新闻传播学

ISBN 978-7-300-31330-6

Ⅰ．①H… Ⅱ．①周… ②樊… ③陈… ④贾… Ⅲ．①超文本标记语言-程序设计-高等学校-教材 Ⅳ．①TP312.8

中国版本图书馆 CIP 数据核字（2022）第 253964 号

普通高等学校应用型教材·新闻传播学

H5 交互融媒体作品创作

第 2 版

主　编　周德旭

副主编　樊　荣　陈富豪　贾　皓

H5 Jiaohu Rongmeiti Zuopin Chuangzuo

出版发行	中国人民大学出版社		
社　　址	北京中关村大街 31 号	**邮政编码**	100080
电　　话	010 - 62511242（总编室）		010 - 62511770（质管部）
	010 - 82501766（邮购部）		010 - 62514148（门市部）
	010 - 62515195（发行公司）		010 - 62515275（盗版举报）
网　　址	http://www.crup.com.cn		
经　　销	新华书店		
印　　刷	北京昌联印刷有限公司	**版　　次**	2020 年 8 月第 1 版
规　　格	185 mm×260 mm　16 开本		2023 年 1 月第 2 版
印　　张	17.5 插页 1	**印　　次**	2024 年 12 月第 3 次印刷
字　　数	362 000	**定　　价**	49.80 元

关联课程教材推荐

书号	书名	作者	定价（元）	出版时间
978-7-300-27214-6	新媒体概论（第三版）	匡文波	49.8	2019 年 8 月
978-7-300-24588-1	网络传播概论（第四版）	彭兰	45	2017 年 7 月
978-7-300-30449-6	网络与新媒体概论	詹新惠	39.9	2022 年 4 月
978-7-300-29737-8	新媒体运营实务	张浩森 等	49.8	2021 年 8 月
978-7-300-26519-3	数据新闻概论（第二版）	方洁	49.8	2019 年 2 月
978-7-300-28460-6	网络新闻编辑	胡明川	45	2020 年 8 月
978-7-300-21565-5	信息图表编辑	许向东	35	2015 年 7 月
978-7-300-26001-3	新媒体艺术导论　四色	童岩　郭春宁	59.8	2018 年 8 月
978-7-300-27153-8	算法新闻	塔娜　唐铮	49.8	2019 年 8 月
978-7-300-25971-0	自媒体之道	吴晨光	49.8	2018 年 7 月
978-7-300-28412-5	源流说：内容生产与分发的 44 条法则	吴晨光	59.8	2020 年 8 月

配套教学资源支持

尊敬的老师：

衷心感谢您选择使用人大版教材！

相关的配套教学资源，请到人大社网站（www.crup.com.cn）下载，或是随时与我们联系，我们将向您免费提供。

欢迎您随时反馈教材使用过程中的疑问、修订建议并提供您个人制作的课件。您的课件一经采用，我们将署名并付费。让我们与教材共成长！

联系人信息：

地址：北京海淀区中关村大街 31 号　　龚洪训 收　　　　邮编：100080

电子邮件：gonghx@crup.com.cn　　电话：010 - 62515637　QQ：6130616

如有相关教材的选题计划，也欢迎您与我们联系，我们将竭诚为您服务！

选题联系人：　　　　电子邮件：　　　　　　　　电话：

翟江虹　　　　　zhaijh@crup.com.cn　　　　010 - 62515636

俯仰天地　心系人文

人大社网站　www.crup.com.cn

专业教师 QQ 群：
723715191（全国新闻教师群 2 群）

欢迎您登录人大社网站浏览，了解图书信息，共享教学资源

期待您加入专业教师 QQ 群，开展学术讨论，交流教学心得